DR. GARETH MOORE

DAS WISSENSCHAFTS RÄTSELBUCH

Titel der Originalausgabe: IFLScience! The Official Science Puzzle Book

Originally published by Welbeck Non-Fiction Limited, part of Welbeck Publishing Group, London

Produktmanagement: Stefan Droste
Übersetzung: Birgit van der Avoort, Diane von Weltzien, FSM-Premedia GmbH & Co. KG
Umschlaggestaltung: Tatjana Weiß
Herstellung: Jessica Siebert
Satz: FSM Premedia GmbH & Co. KG
Druck: PNB Print Ltd, Lettland

1. Auflage 2022

ISBN 978-3-7724-4667-2
Best.-Nr. 4667

DR. GARETH MOORE

DAS WISSENSCHAFTS RÄTSELBUCH

Über 100 Rätsel

aus dem Pop-Science-Labor

INHALT

EINLEITUNG

Das Universum ist sagenhafte 13,8 Milliarden Jahre alt, während unsere Erde mit 4,5 Milliarden Jahren vergleichsweise jung daherkommt. Vieles ist in dieser langen Zeitspanne passiert. Wir zeigen dir die wichtigsten und interessantesten Hintergründe dieser Entwicklung, angefangen beim Urknall bis hin zu möglichen Endzeitszenarien unseres Universums – wie dem Großen Endknall oder dem Großen Einfrieren.

Das *Wissenschafts-Rätselbuch* macht dich mit einigen der faszinierendsten wissenschaftlichen Ideen, Entdeckungen und Theorien vertraut, gibt eine kurze Einführung oder Erklärung zu dem jeweiligen Bereich, um anschließend in einem kniffligen Rätsel deine logischen und kombinatorischen Fähigkeiten zu testen. Jedes Kapitel beschäftigt sich mit einem anderen Thema und schließt mit einem Wissensquiz ab. Einige Antworten werden bereits im Kapitel behandelt – doch längst nicht alle.

Dieses Buch ist weder ein schwer verständliches Lehrbuch noch ein wissenschaftlicher Wälzer – wir möchten dir die leichte Seite der Wissenschaft vermitteln. Jede Idee wird kurz angerissen, in der Hoffnung, dass dein Interesse geweckt wird und du mehr lernen möchtest – denn anders als zum Beispiel bei der Quizshow im Fernsehen ist es in der Wissenschaft ausdrücklich erwünscht, ein Buch in die Hand zu nehmen und nachzulesen!

Und wer weiß, vielleicht ist dies der Anfang von etwas Großem? Vielleicht wirst du eines Tages einer der ersten Siedler auf dem Mars? Oder wenn die Weite des Weltalls nicht dein Ding ist, löst du vielleicht das Problem der Klimaerwärmung oder entdeckst eine neue Tierart? Vielleicht verstehst du auch nur besser, wie dein Computer funktioniert, das ist auch nicht zu verachten.

Auf jeden Fall wünschen wir dir viel Spaß mit der verrückten Wissenschaft und den verwirrenden Rätseln über die unendlichen Mysterien unseres Universums.

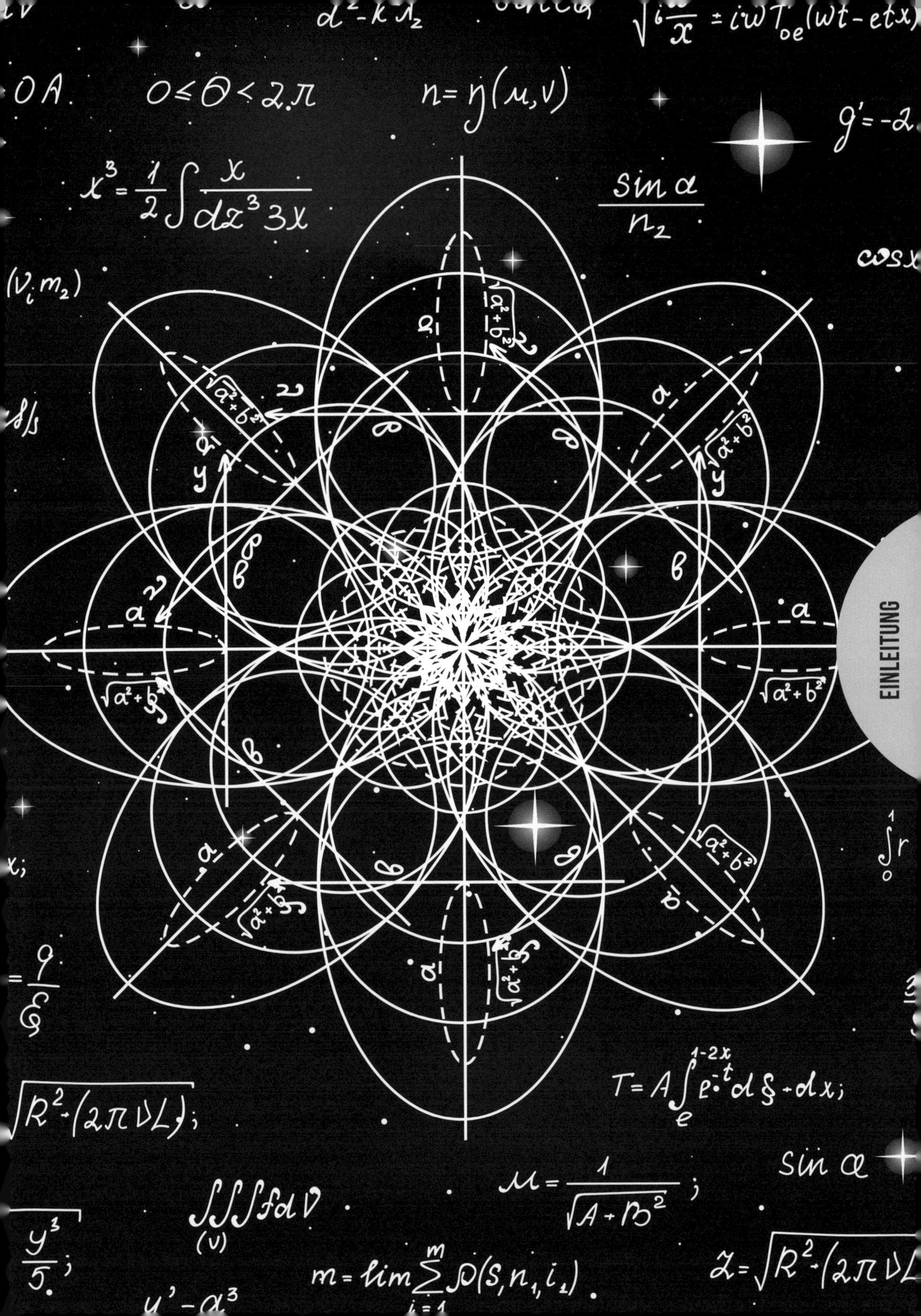

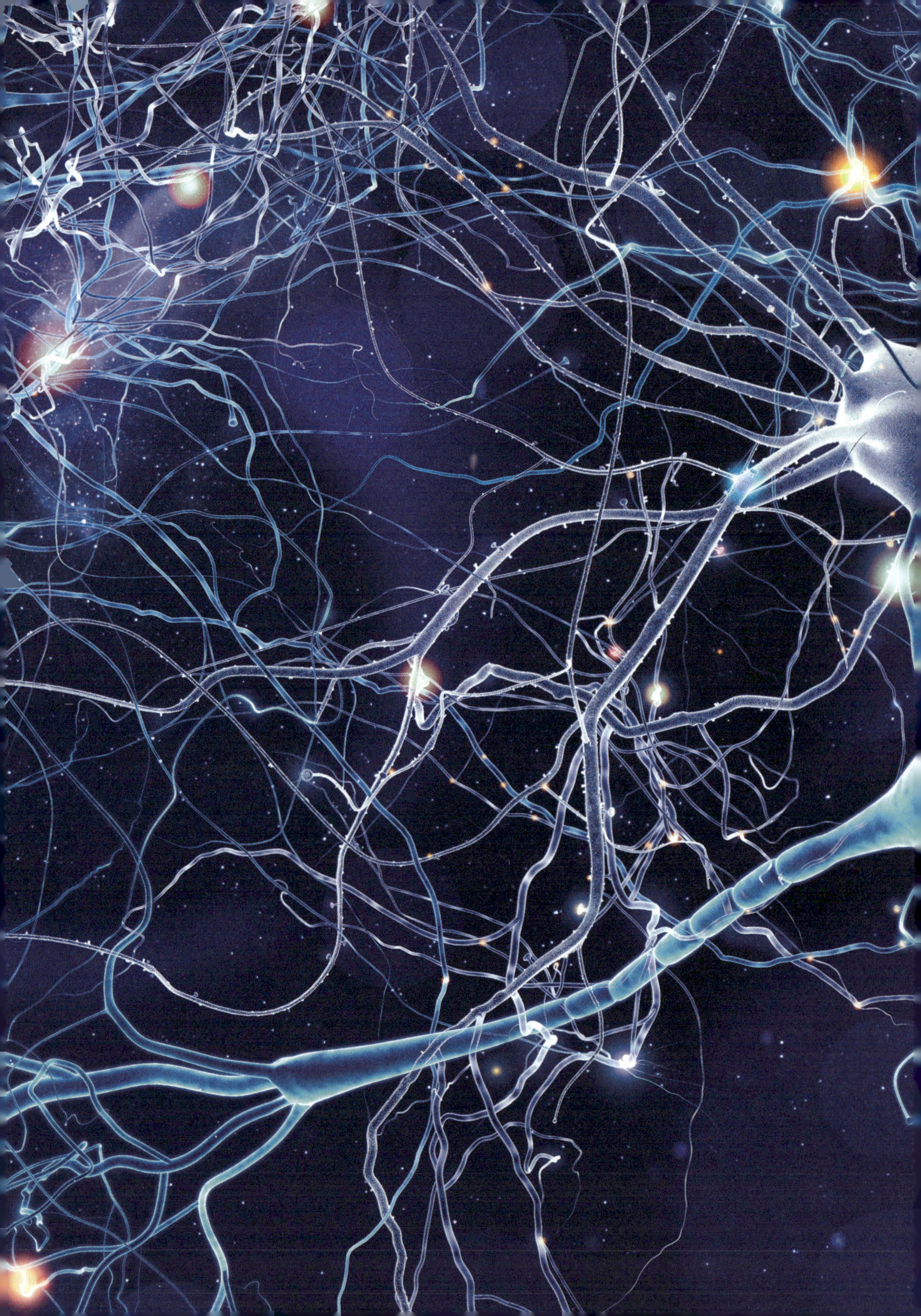

DAS GEHIRN

Das Gehirn ist das Organ mit der komplexesten Struktur der Welt. Noch immer ist es weitgehend unerforscht. Wir können seine Struktur beschreiben: das menschliche Gehirn ist in zwei Gehirnhälften unterteilt, sie bilden vier Hirnlappen mit verschiedenen Funktionen. Wir verstehen aber nicht, wie diese zehn Milliarden Nervenzellen sich verknüpfen, um Gedanken, Befehle und unser „menschliches Sein“ zu bilden.

PHINEAS GAGE: DER MANN MIT DEM STAB IM GEHIRN

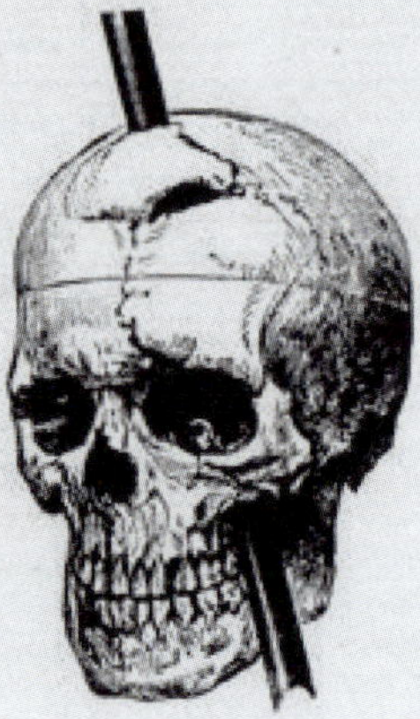

Die wohl berühmteste Fallstudie in der Geschichte der Neurologie ist die von Phineas Gage. 1848 wurde der Bahnarbeiter bei einem Unfall verletzt. Eine Eisenstange bohrte sich in die Wange und trat am Kopf wieder aus. Das führte zu einem Hirnschaden, da die Stange durch Gages vorderen Gehirnlappen stieß. Er überlebte, veränderte sich jedoch stark – aus dem zurückhaltenden, netten Mann wurde ein respektloser, impulsiver Radaubruder.

Seitdem hat Gage seinen Platz in den Psychologiebüchern sicher, in denen er als erste Fallstudie angeführt wird, die Hirnschäden mit Veränderungen der Gehirnfunktion in Verbindung bringt. In Gages Fall beeinträchtigte der Schaden an dem präfrontalen Kortex (ein Bereich vorn im Gehirn) seine Kontrolle über Impulse und Pläne. Man ging sogar davon aus, dass Aspekte seiner Persönlichkeit – Verantwortungsbewusstsein und Pflichtbefühl – zerstört waren; Funktionen, die diesem Gehirnteil zugeordnet werden.

Inzwischen wird Gages Geschichte angezweifelt und es ist nicht einmal klar, welcher Teil seines Gehirns durch den Unfall verletzt wurde. Doch als Fallstudie in den Annalen der Psychologie war sie ein wichtiger Schritt hin zu einer Verbindung zwischen Verstand und Gehirn, die wir heute als selbstverständlich ansehen, die aber früher von Gehirnforschern nicht gezogen wurde.

▲ Zeichnung von Phineas Gages Schädel aus dem Jahr 1868.
▼ Gage mit dem Eisenstab, der in seinem Schädel steckte.
◢ Gages „Totenmaske" neben seinem Schädel zeigt seine Kopfwunde.

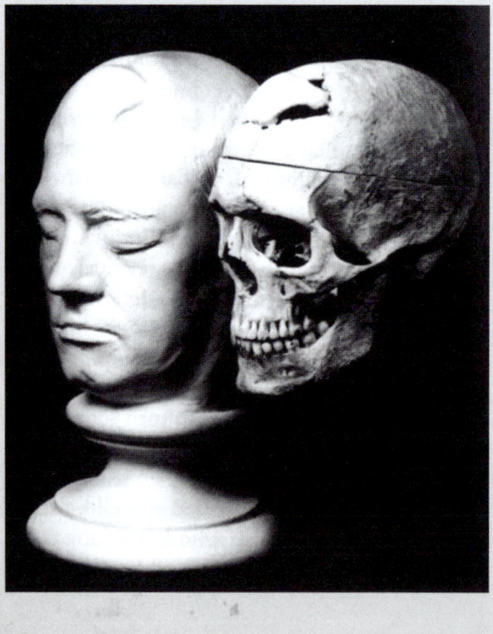

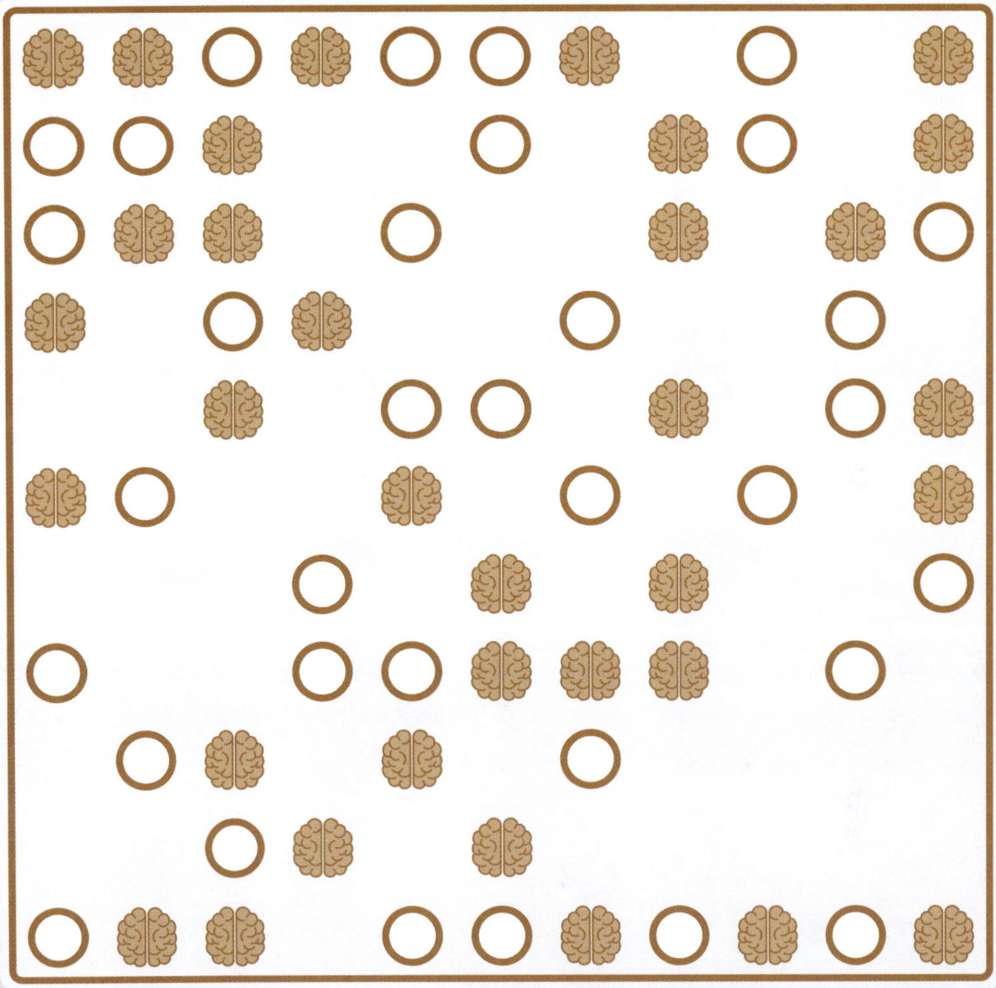

RÄTSELANLEITUNG

Die Erkenntnis, dass verschiedene Bereiche des Gehirns verschiedenen Charakterzügen zugeordnet werden können, war wegweisend. Ziehe waagerechte und senkrechte Linien, um die Gehirne mit den Kreisen – die für unterschiedliche Gehirnfunktionen stehen – zu verbinden. Die Linien dürfen eine andere Linie, ein Gehirn oder einen Kreis nicht kreuzen.

GEIST UND MATERIE

Medizinern der Antike war bewusst, dass der Geist den Körper beeinflusst. Das hat die moderne Forschung immer wieder bestätigt, etwa bei der Wirkung von Stress auf die Gesundheit bis hin zu der von Norman Cousins erfundenen „Lachtherapie“ in den 1960er-Jahren. Cousins litt an einer schmerzhaften und scheinbar unheilbaren Krankheit: *Spondylitis ankylosans.* Da Ärzte ihm nicht helfen konnten, sah er sich witzige Shows und Filme an und stellte dabei fest, dass Lachen den Schmerz linderte und ihn schlafen ließ.

Dieses Beispiel für den Placebo-Effekt beweist, wie stark die Psychologie die Physiologie beeinflussen kann. Der Placebo-Effekt tritt auf, wenn ein theoretisch unwirksames Medikament, wie eine Zuckertablette, ein echtes klinisches Ergebnis hervorruft.

Das Gegenteil des Placebo-Effekts ist der Nocebo-Effekt, bei dem Harmloses schädigend wirkt. Der Nocebo-Effekt wird mit psychologischen Phänomenen wie dem Voodoo-Effekt in Verbindung gebracht. Der Glaube an die Kraft eines Voodoo-Fluches kann reale Reaktionen hervorrufen: Einige glauben sie wären zum Zombie mutiert, und verhalten sich auch so. Ein berühmtes Beispiel ist der Baskerville-Effekt, benannt nach der Sherlock-Holmes-Geschichte, bei dem Aberglauben und magisches Denken zum Tod führen können.

▼ Norman Cousins im Jahr 1974.

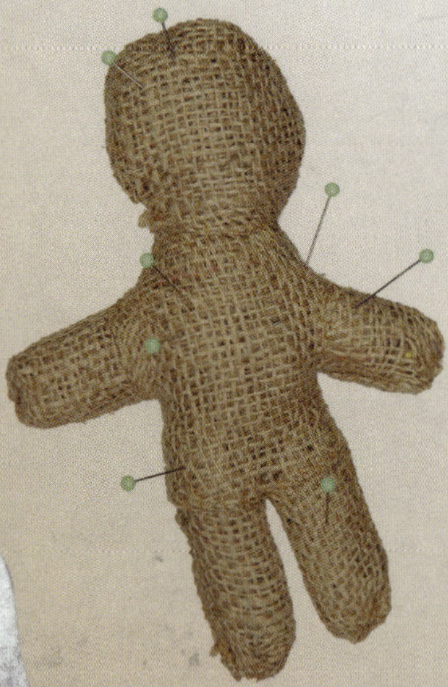

2	2	2			1	
				2	3	2
4			3			
2		3				1
	1		3		2	
	1			2		1
		1		2		1

RÄTSELANLEITUNG

Finde die Kästchen, die durch „Nocebo-Minen" belastet sind. Trage diese Minen in leere Rasterkästchen ein. Hinweise in einigen Kästchen verraten dir die Minenzahl in angrenzenden Kästchen - auch diagonal. Du darfst in jedes Kästchen nur eine Mine eintragen.

DAS TIER IN UNS

ERKLÄRUNG

1. Frontallappen
2. Limbischer Lappen
3. Parietallappen
4. Okzipitallappen
5. Corpus callosum
6. Thalamus
7. Schiasma opticum
8. Hypothalamus
9. Hypophyse
10. Mammillarkörper
11. Pons
12. Medulla oblongata
13. Rückenmark
14. Kleinhirn
15. Zirbeldrüse

Die verschiedenen Bereiche des Gehirns spiegeln die Evolutionsgeschichte des Menschen wider. Äußere Schichten wie die Großhirnrinde sind Teile, die sich zuletzt entwickelten. Es ist kein Zufall, dass ihnen Funktonen zugeordnet werden, die wir als besonders „menschlich" ansehen, wie Denken, Planen und Sprechen. Der Hirnstamm ist der entwicklungsgeschichtlich älteste Teil des Gehirns. Das Rückenmark wird hier zum Wulst, nachdem es hinter dem Hals auf den unteren Gehirnabschnitt trifft. Dieser Teil kontrolliert einfache Körperfunktionen wie Atmung und Körpertemperatur.

Dazwischen liegen Gehirnbereiche, die sich auch bei Tieren wie Krokodil und Wolf finden. Bei Menschen spricht man vom limbischen System. Diese Bereiche kontrollieren Urtriebe wie Lust, Hass oder Angst. Einige Sinne – vor allem der Geruch – reizen das limbische System und können starke emotionale Reaktionen hervorrufen.

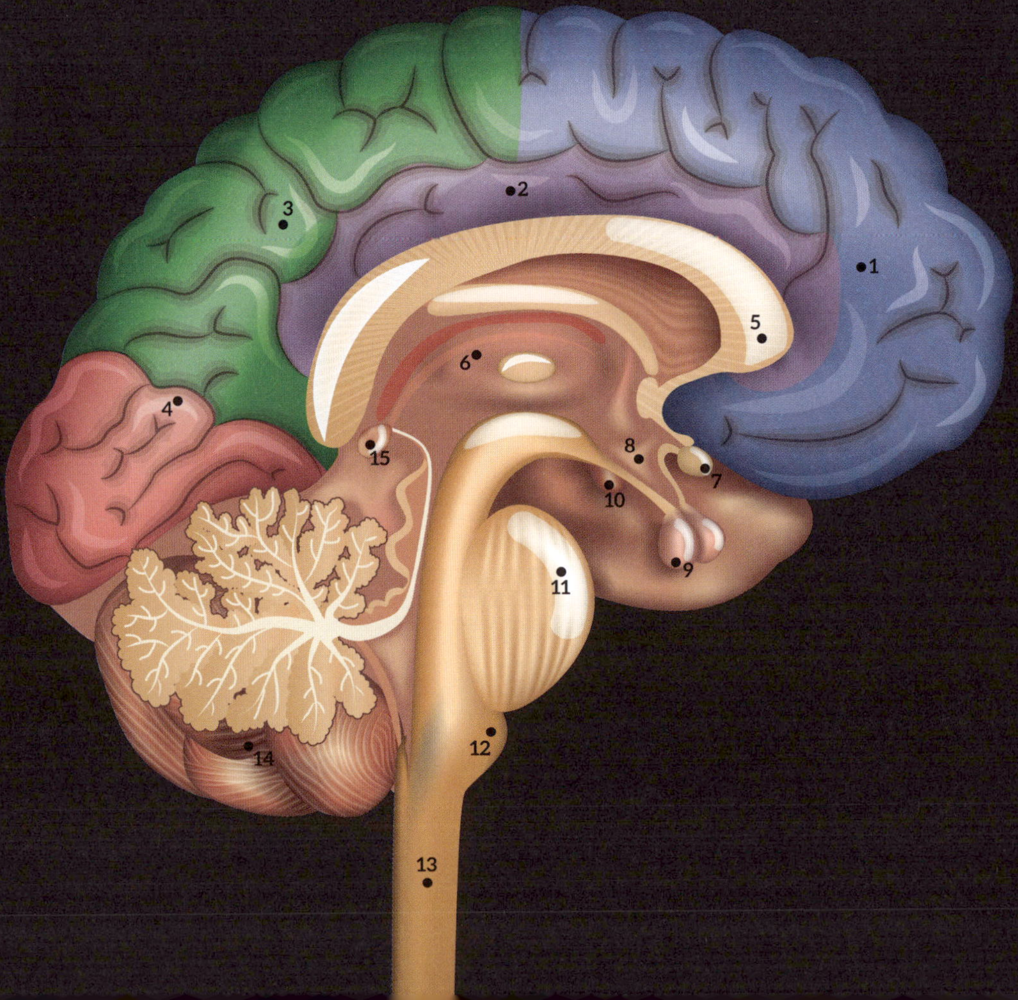

RÄTSELANLEITUNG

Reise wie ein Gedanke durch das komplexe Labyrinth des menschlichen Gehirns. Finde deinen Weg vom Start links bis zum Ziel rechts.

DIE GEHIRN-OLYMPIADE

Wir Menschen gehen davon aus, dass wir die besten Gehirne haben, aber sind es auch die größten?

Wenig überraschend nicht: Die größten Gehirne gehören auch den größten Lebewesen. Das größte Gehirn überhaupt hat der Pottwal – es wiegt ca. 8 kg, das menschliche nur 1,4 kg. Das Elefantengehirn ist gut 5 kg schwer und das eines Delfins wiegt ca. 1,6 kg. Selbst wenn es um das Verhältnis von Gehirngröße zur Gesamtkörpergröße geht, gewinnen wir nicht. Das beträgt bei uns etwa 1:40, genauso viel wie bei einer Maus, während einige Ameisenarten ein Verhältnis von 1:7 haben. Mit anderen Worten: Bis zu 15 % ihrer gesamten Masse ist Gehirn. Auf den Menschen übertragen, wäre das ein Gehirn in der Größe einer Wassermelone!

▲ Ein Elefant vergisst niemals ... dank seines Gehirns von 5 kg.
▼ Der stolze Besitzer des weltschwersten Gehirns: der Pottwal.

RÄTSELANLEITUNG

Schreibe die Zahlen 1 bis 9 einmal in jede Zeile, Spalte und in jedes fett umrandete 3x3-Gebiet. Die Zahlen in den Kreisen geben an, welches Vielfache einer Zahl die andere Zahl im benachbarten Kästchen sein muss. So bedeutet eine umkreiste 3 zwischen zwei Kästchen, dass die möglichen Zahlen für diese beiden Kästchen 1 & 3, 2 & 6 oder 3 & 9 sind.

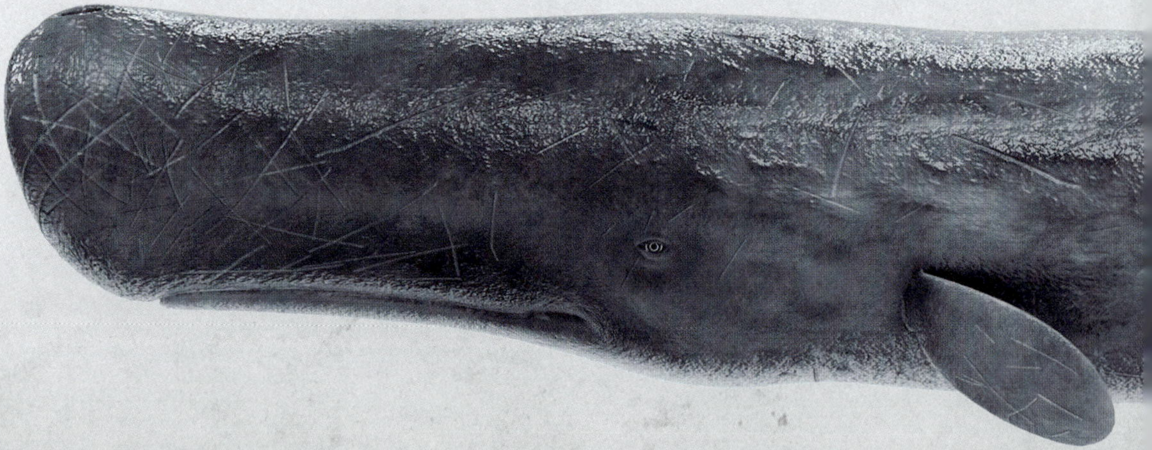

MARS GEGEN VENUS

Männer haben meist etwas größere Gehirne als Frauen, wobei der Unterschied etwa 150 g beträgt. Der durchschnittliche männliche Neocortex (der Gehirnteil, der für Denken, Gedächtnis, Wahrnehmung und Sprache verantwortlich ist) besteht aus 23 Milliarden Nervenzellen, im Vergleich zu 19 Milliarden beim weiblichen Gehirn. Welchen Unterschied machen diese 4 Milliarden Nervenzellen?

Anscheinend keinen. Männer und Frauen schneiden bei IQ-Tests gleich ab. Doch bei ihren Gehirnen lassen sich bis zu 100 Unterschiede feststellen; wenngleich auch nur minimale. So ist der limbische Cortex, assoziiert mit emotionaler Kontrolle, bei Frauen etwas größer, während der Pariatal-Cortex, assoziiert mit räumlicher Wahrnehmung, bei Männern größer ist.

RÄTSELANLEITUNG

Schreibe ein M für Mars oder ein V für Venus in jedes leere Kästchen, sodass in jeder Zeile und Spalte die gleiche Anzahl eines Buchstabens steht. In einer Zeile oder Spalte sollten nie mehr als zwei gleiche Buchstaben hintereinanderstehen. So wäre zum Beispiel MVVMMVVM möglich, MVVVMMVM aber nicht, weil hier drei V aufeinanderfolgen.

V		M	V			M	
	M					V	
						V	V
	V		M		M		V
V		V				V	
M	V					V	
	M					M	
	V			M	V		M

NEURONALE NETZE BEI MENSCH UND MASCHINE

Ein neuronales Netz ist ein System miteinander verbundener Neuronen (Nervenzellen). In der Biologie erzeugen neuronale Netze komplexe Prozesse durch einfache Verbindungen. So lässt sich erklären, wie aus diesem rosa-grauen Gewebe faszinierende Phänomene wie Sprache oder Bewusstsein entstehen.

In der Computerwissenschaft sind künstliche neuronale Netze ein Hauptwerkzeug bei der Entwicklung künstlicher Intelligenz. Statt Neuronen werden hier Microchips miteinander verknüpft, um ein Netzwerk zu bilden. Dieses Netz kann sich selbst eine Rückmeldung geben, ob es seine Verbindungen verstärken oder lockern muss, je nach Dateneingang oder gewünschter Datenausgabe im System. Aufregend und zugleich beängstigend an diesen Netzen ist ihre Fähigkeit, komplexe Aufgaben wie Gesichtserkennung oder Sprachverarbeitung durchzuführen, ohne dass ihr menschlicher Schöpfer weiß, wie sie arbeiten. Was innerhalb des KI-Netzes geschieht, bleibt im Dunkeln.

RÄTSELANLEITUNG

Verbinde die umkreisten Zahlen mit waagerechten und senkrechten Linien, um ein neuronales Netz zu schaffen. Jede Zahl muss so viele Verbindungslinien haben, wie durch den Zahlenwert vorgegeben wird. Nicht mehr als zwei Linien dürfen ein Zahlenpaar verbinden und Linien dürfen sich nicht kreuzen. Für ein echtes Bewusstsein muss der fertige Plan alle Zahlen verbinden, sodass man zwischen jedem Neuronenpaar über eine oder mehrere Linien hin- und herwandern kann.

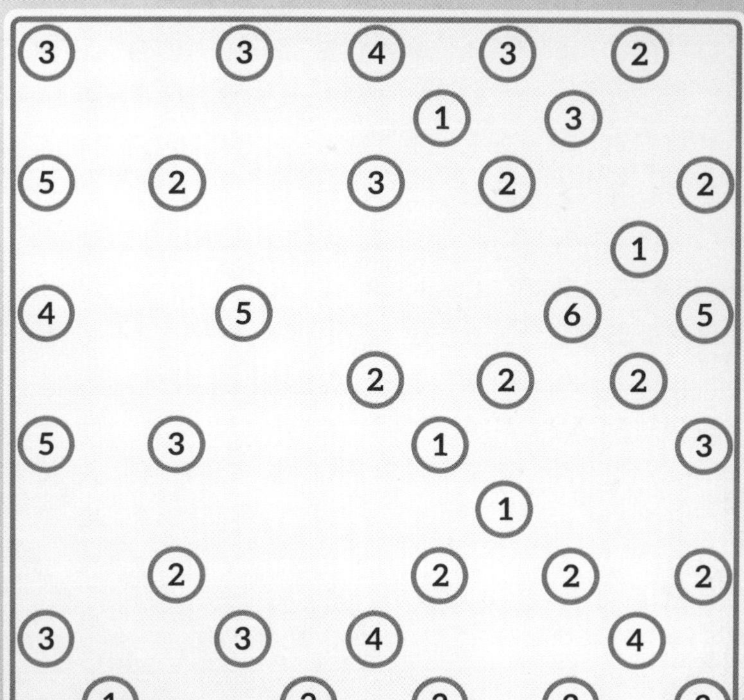

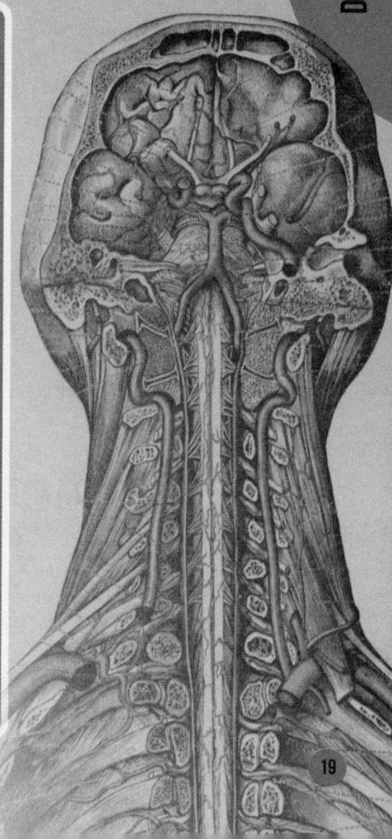

DER MANN, DER SEINE FRAU MIT EINEM HUT VERWECHSELTE

Der merkwürdige Fall eines Mannes mit höchst seltenem Hirnschaden inspirierte den Neurologen Oliver Sacks zum Titel eines seiner berühmtesten Bücher: Seine 1985 erschiene Fallstudien-Sammlung nannte er *Der Mann, der seine Frau mit einem Hut verwechselte*. Schädigungen wie Schlaganfälle oder Kopfverletzungen können bestimmte Teile des Gehirns ausschalten, was merkwürdige Effekte hervorruft. Bei Menschen, die unter einer als Wernicke-Aphasie bekannten Störung leiden, ist etwa ein Teil des Cortex, der Worten eine Bedeutung gibt, beschädigt. Sie sprechen flüssig klingende Sätze, die keinerlei Inhalt oder Bedeutung haben. Das nennt man auch „Wortsalat".

RÄTSELANLEITUNG

Suche die „Hallos" auf der Liste im Wortsalat des Rasters. Die Worte können in alle Richtungen geschrieben stehen, auch diagonal oder rückwärts.

AHOJ
BONJOUR
BULA
CIAO
HALLO
HALO
HELLO
HOLA
JAMBO
KONNICHIWA
MARHABA
MERHABA
NAMASTE
NI HAO
SAIN BAINUU
SALAAM
SALVE
SANNU
SVEIKI
SZIA
XIN CHAO
ZDRAVEITE
ZDRAVO
ZDRAVSTVUYTE

D	H	S	A	L	A	A	M	E	R	H	A	B	A	H
Z	A	A	A	L	U	L	O	A	L	U	B	I	Z	A
E	D	H	A	N	E	U	O	A	A	H	Z	H	H	E
T	N	R	T	E	N	M	N	H	H	S	I	E	Z	S
O	A	K	A	T	T	U	R	I	O	C	L	H	I	B
A	A	E	O	V	O	I	A	I	A	L	N	H	O	I
H	M	B	T	N	S	B	E	Z	O	B	L	I	T	K
I	A	R	A	S	N	T	S	V	H	L	N	O	X	I
N	B	M	W	H	A	I	V	A	A	A	A	I	O	E
M	O	Z	A	E	R	M	C	U	S	R	L	H	A	V
O	N	D	L	O	V	A	A	H	Y	R	D	L	N	S
O	J	R	A	B	N	L	M	N	I	T	E	Z	O	O
E	O	A	A	M	L	M	A	S	H	W	E	I	A	N
B	U	V	A	A	T	O	Z	S	A	S	A	H	O	J
A	R	O	O	J	O	Y	Z	O	A	I	C	N	A	O

OHNE GRENZEN

Vergessen ist ein normaler – und vielleicht sogar wesentlicher Aspekt – menschlicher Erinnerung, aber es gibt Hinweise darauf, dass es eines Tages möglich sein wird, sich an alles zu erinnern. Ist das Gedächtnis wirklich grenzenlos? In einer der berühmtesten Fallgeschichten der Psychologie, im Klassiker *Kleines Porträt eines großen Gedächtnisses* des sowjetischen Neuropsychologen Alexander Lurija aus dem Jahr 1968, wird genau das angedeutet.

Lurija erzählt die Geschichte von „Herrn S.", der sich alles merken konnte. Heute wissen wir, dass es sich hierbei um den Journalisten Solomon Weniaminowitsch Schereschewski handelte. Herr S. litt an Synästhesie, bei der Sinneseindrücke zusammen auftreten. Das bedeutet, dass etwa ein Ton eine Berührungsempfindung auslösen kann oder dass Zahlen mit Farben assoziiert werden. Durch diesen verstärkten sensorischen Reiz konnte Herr S. sich besser an eingehende Informationen erinnern und diese fehlerfrei wiedergeben. Er selbst empfand dies als Belastung. Das überrascht kaum, denn wir vergessen nicht ohne Grund: wahrscheinlich wollen wir uns nur an das wirklich Wichtige erinnern, um hinderliche Ablenkungen auszublenden.

RÄTSELANLEITUNG

Sieh dir eine Minute lang alle zwölf Gegenstände auf dieser Seite an. Dann blättere eine Seite weiter. Kannst du sagen, welche Gegenstände ersetzt wurden, und wodurch?

10:15

WARUM TRÄUMEN WIR?

Träume werden seit der Antike erforscht und sind seit den 1950er-Jahren Gegenstand ernsthafter wissenschaftlicher Forschung, doch wir wissen noch immer nicht, warum wir träumen. Es gibt viele Theorien: So sieht die populäre psychodynamische Traumtheorie, die auf den Arbeiten Sigmund Freuds basiert, Träume als Mittel, um unterdrückte Wünsche, Sorgen, Ängste u. ä. zu klären. Demnach ist Träumen eine „mentale Organisation" oder vielleicht sogar eine Form von Selbsttherapie im Schlaf. Problematisch an dieser Theorie ist jedoch, dass 99 % aller Träume beim Aufwachen vergessen sind. Wenn Träume therapeutisch sind, wäre es dann nicht hilfreich, wenn wir uns an sie erinnern könnten?

Eine moderne Interpretation des Freud'schen Ansatzes sieht Träume als Virtual-Reality-Simulation, bei der das Gehirn Rollenspiel-Szenarien entwickelt, um herausfordernden Ereignissen im echten Leben besser zu begegnen. So ließe sich auch erklären, warum die meisten Träume sich um (vor allem negative) Emotionen drehen.

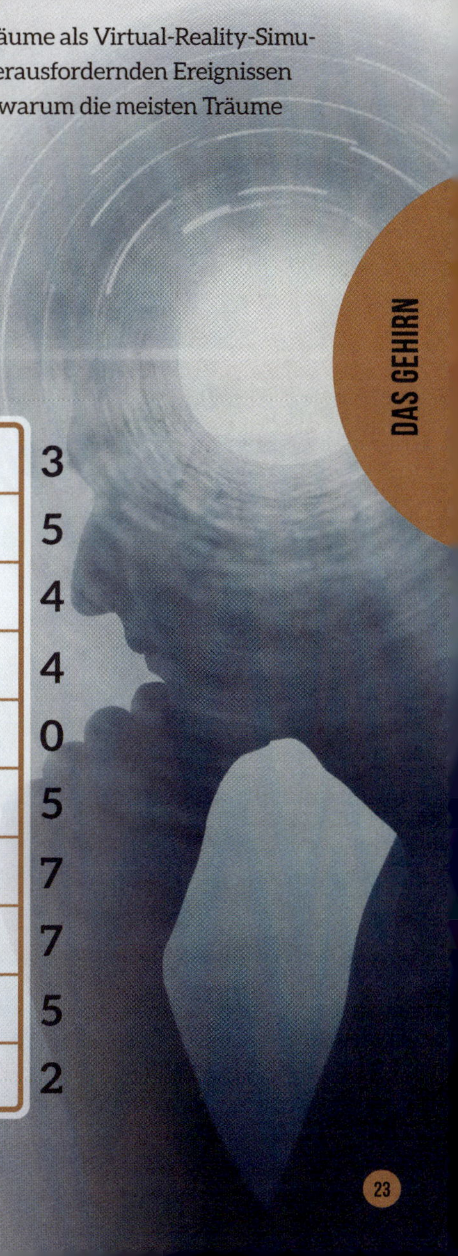

RÄTSELANLEITUNG

Kannst du dieses Wolkenrätsel lösen oder schwebt dein Kopf selbst in den Wolken? Male rechteckige Kästchengruppen aus, sodass jede Gruppe mindestens zwei Kästchen breit und zwei Kästchen hoch ist. Die Rechtecke dürfen sich nicht berühren, auch nicht in der Diagonalen. Die Zahlen am Rand zeigen dir, wie viele ausgemalte Kästchen in jeder Zeile und Spalte liegen sollen.

										3
										5
										4
										4
										0
										5
										7
										7
										5
										2
2	6	6	0	6	6	4	0	6	6	

DER UNSICHTBARE GORILLA

Die Verbindung zwischen Umwelt und eigener Wahrnehmung ist nicht so eindeutig, wie es scheinen mag. Die sinnliche Wahrnehmung ist nur der erste Schritt dazu, wie wir unsere eigene Welt sehen. Viele Informationen, die uns durch unsere Sinne erreichen, werden durch Mechanismen wie Aufmerksamkeit gefiltert: du siehst nur das, auf das du achtest.

Ein klassisches Beispiel wurde in einem Experiment bewiesen: Die Teilnehmer wurden gebeten, sich das Video eines Basketballspiels anzusehen und die Pässe zwischen den Spielern zu zählen. Die Hälfte der Teilnehmer konzentrierte sich derart stark auf die Aufgabe, dass sie den Mann, der im Gorillakostüm über das Spielfeld lief, gar nicht bemerkten. Dieser „unsichtbare Gorilla“ wurde zum Sinnbild für das Phänomen der Unaufmerksamkeitsblindheit.

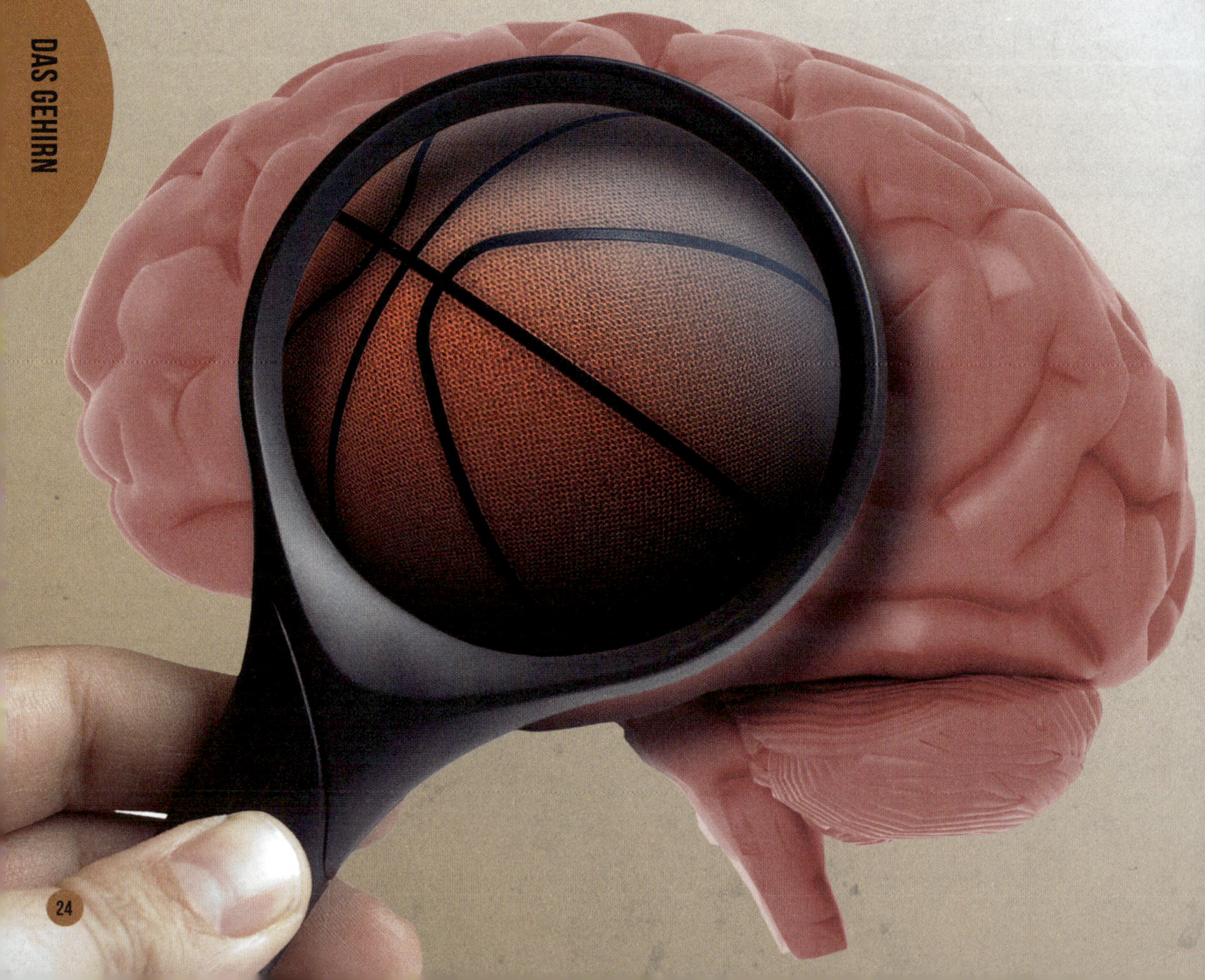

RÄTSELANLEITUNG

Das Bild zeigt mehr, als es auf den ersten Blick den Anschein hat. Notiere, was du darauf erkennst.

DAS GEHIRN-QUIZ

1) **Wie viele Hemisphären hat das menschliche Gehirn?**

2) **Wie heißt der äußerste Teil des menschlichen Gehirns?**

a) Limbisches System ☐

b) Hirnstamm ☐

c) Großhirnrinde ☐

3) **Hat Intelligenz mit Gehirngröße zu tun?**

4) **Wie heißt das Phänomen, bei dem eine Person glaubt, etwas schon einmal gesehen zu haben?**

5) **Wie viele Nervenzellen hat das menschliche Gehirn ungefähr?**

a) 8,6 Milliarden ☐

b) 86 Milliarden ☐

c) 860 Milliarden ☐

6) **Welcher Teil der Psychologie erforscht Denken, Erinnerung und Sprache?**

a) Differentielle Psychologie ☐

b) Kognitive Psychologie ☐

c) Abnormale Psychologie ☐

7) **Was bedeutet REM?**

8) **Aus welchen drei Instanzen besteht Sigmund Freuds Persönlichkeitstheorie?**

9) **Welches Objekt stufte Freud NICHT als Phallussymbol ein?**

Zeppelin ☐ Vorhang ☐

Lampe ☐ Pistole ☐

Fisch ☐ Krawatte ☐

Regenschirm ☐

10) **Beim Kluger-Hans-Effekt wird das Verhalten der Teilnehmer unbewusst beeinflusst, sodass der erwartete Effekt eintritt. Wer war der Kluge Hans?**

11) **Welche dieser Gehirnstörungen betrifft Bewegung und Koordination?**

a) Ataxie ☐

b) Alexie ☐

c) Aphasie ☐

12) Drei der häufigsten Phobien in Großbritannien sind Brontophobie (Angst vor Donner), Cardiophobie (Angst vor Herzleiden) und Aeronausiphobie (Angst vor Luftkrankheit). Welche Phobie ist die häufigste?

13) Koro ist ein Beispiel für ein kulturgebundes Syndrom, eine psychogene Krankheit, zu der auch die Angst gehört, ein bestimmtes Organ würde durch Magie schrumpfen oder verschwinden. Welches?

14) Welche Wahnvorstellungen bezeichnen das sogenannte Fregoli-Syndrom?

a) Deine Liebsten sind durch identische Fälschungen ersetzt worden.

b) Deine „echten" Eltern sind reich und berühmt und werden dich irgendwann abholen kommen.

c) Mehrere unterschiedliche Personen sind tatsächlich ein und dieselbe Person, die ständig ihre Verkleidung und ihr Aussehen verändert.

15) Was ist der Baskerville-Effekt?

a) Aberglaube oder magisches Denken, das Menschen dazu bringt, krank zu werden und zu sterben ☐

b) Harmlose Phänomene werden als tödlich wahrgenommen ☐

c) Wahnvorstellung, ein Detektiv zu sein ☐

16) Welcher Teil des Nervensystems verursacht Erröten und Gänsehaut?

17) Wie heißt das Phänomen, bei dem ein Patient durch eine Zuckertablette, die er als wirksame Arznei ansieht, von einer Krankheit geheilt wird?

18) Wie nennt man es, wenn eine Person durch ein vermeintliches Gift erkrankt, gleichwohl dieses harmlos und unwirksam ist?

19) Welcher Hirnlappen wird mit dem Sehvermögen in Verbindung gebracht?

20) Unter welchem Namen ist die Parapraxis besser bekannt?

CHEMIE

Seit Jahrtausenden betätigen sich Menschen als Chemiker. Das Herauslösen von Metallen aus Erzen, die Anfertigung von Töpferware und das Fermentieren von Alkohol sind nur einige der chemischen Prozesse, die das Leben bereichert haben. Mit der allmählichen Entdeckung von Elementen und Atomen hat die Chemie nicht nur zum größeren Verständnis der Welt beigetragen, sondern sie in vielerlei Hinsicht verbessert.

DIE SUCHE NACH DEM STEIN DER WEISEN

Die mittelalterlichen Alchemisten waren überzeugt davon, dass ihnen eines Tages die Transmutation von Elementen gelingen müsse. Für die Uneingeweihten heißt das, ein Element in ein anderes umzuwandeln. Sie glaubten außerdem an die Existenz einer geheimnisvollen Substanz – den Stein der Weisen –, die dieses Kunststück beschleunigen würde. Es wurde behauptet, dass man mit diesem magischen Gegenstand unedles Metall wie Blei in edles wie Gold verwandeln könne. Große Gelehrte, von Paracelsus und John Dee bis zu Robert Boyle und Isaac Newton, investierten unglaubliche Mühe in dieses Projekt. Doch gegen Ende des 19. Jahrhunderts erklärte die wissenschaftliche Chemie, dass all diese Anstrengungen umsonst waren. *Per definitionem* sei es ausgeschlossen, ein Elemente in ein anderes zu verwandeln. Hierzu müsse man Protonen aus dem Atomkern herauslösen, was unmöglich sei. Doch noch während diese neue Doktrin formuliert wurde, machte die Entdeckung der Radioaktivität sie bereits zunichte. Inzwischen weiß man, dass natürlicher radioaktiver Zerfall Transmutationen bewirkt und dass solche Prozesse in Sternen und Supernovae ebenso wie in Teilchenbeschleunigern vorkommen können.

CHEMIE

	7					1
		8		3		
	7				4	
5				6	5	9
1						
		7	5		5	8
	2				3	9

CHEMIE

RÄTSELANWEISUNGEN

Die Strukturen der Elemente waren für Wissenschaftler jahrhundertelang ein Rätsel. Kannst du die Struktur dieses Gitters schneller hinbekommen? Teile es in Bereiche auf, wobei jeder Bereich zwei Ziffern enthalten soll. Die Menge der Kästchen in jedem Bereich muss zwischen diesen beiden Zahlen liegen. Enthält ein Bereich etwa 5 und 12, muss er zwischen 6 und 11 Kästchen enthalten.

WISSENSCHAFTLICHE SCHREIBWEISE ENTSCHLÜSSELN

Die Alchemisten nutzten, wenn sie über Chemie schrieben, eine verwirrende Vielfalt von Symbolen, Abkürzungen und gewollt undurchsichtigen Codes. Dagegen bemühten sich die Wissenschaftler der Aufklärung, der Chemie eine mathematische Genauigkeit abzuringen. Der Hauptakteur in der Chemie des frühen 19. Jahrhunderts war der Schwede Jöns Jakob Berzelius (1779–1948). Er ist verantwortlich für die Einführung moderner chemischer Elementsymbole, die auf ein bis zwei Buchstaben des lateinischen Elementnamens basieren. Dieses universelle System gestattet es, chemische Rektionen in algebra-ähnlichen Formeln auszudrücken.

In der modernen Variante der chemischen Symbolschreibweise steht die dem Elementkürzel nach- und tiefgestellte Zahl für die Menge der Atome in einem Molekül; hochgestellte Symbole werden verwendet, um im Fall von Ionen positive oder negative Ladungen zu markieren. Angaben vor den Buchstaben bezeichnen Ordnungszahl und Atommasse. Die voran- und hochgestellte Atommasse dient außerdem zur Unterscheidung der Isotope: ^{12}C zum Beispiel ist ein bestimmtes der insgesamt 15 Kohlenstoffisotop.

Finde heraus, wie viel Mol die geheimnisvollen Elemente A, B, C und D wiegen:

- 1 mol von **D** entspricht dem gemeinsamen Gewicht von **A** und **B**
- 3 mol von **B** wiegen 1 g mehr als 1 mol von **D**
- Das gemeinsame Gewicht von 1 mol von **A** und 1 mol von **C** entspricht 3 Mal dem Gewicht von 1 mol von **B**
- 3 mol von **C** wiegen 4 g mehr als 1 mol von **D**
- 2 mol von **A** wiegen gleichviel wie 3 mol von **C**

A= ☐ **B=** ☐

C= ☐ **D=** ☐

EINIGE DEFINITIONEN

- **Atommasse:** Die Masse des Atoms eines chemischen Elements. Sie entspricht in etwa der Anzahl der in einem Atom enthaltenen Protonen und Neutronen.
- **Ordnungszahl:** Protonenanzahl im Atomkern. Die Zahl gehört wie die Buchstaben zum Namen des Elements und bezeichnet außerdem seine Position im Periodensystem.
- **Ionen:** Elektrisch geladene Atome oder Moleküle. Ihre positive beziehungsweise negative Ladung erhalten sie aufgrund von Elektronenmangel oder -überschuss.
- **Isotop:** Ein Atom mit unterschiedlich vielen Neutronen. So hat zum Beispiel ein C-Atom immer 6 Protonen, aber ^{12}C hat 6 Neutronen und das in der Radiokarbon-Datierung benutzte ^{14}C hat 8 Neutronen.
- **Mol:** Ist die Stoffmenge eines Systems, das aus ebenso vielen Teilchen besteht wie Atome in 12g ^{12}C enthalten sind.
- **Molekül:** Eine Gruppe von miteinander verbundenen Atomen, die die kleinste Grundeinheit einer chemischen Verbindung darstellt und Teil einer chemischen Reaktion sein kann wie zum Beispiel H_2O oder O_2.

DIE WÜTENDE BIENE IM SCHRUMPFENDEN BEHÄLTER

Hast du dich je gefragt, warum du nicht durch den Fußboden fällst? Oder, anders ausgedrückt, warum Dinge fest sind, wenn wir doch wissen, dass 99,9999999 % eines Atoms leerer Raum ist? Die Antwort lautet, weil Atome aufgrund der negativ geladenen Elektronen, die den positiv geladenen Atomkern umkreisen, elektrostatisch aufgeladen sind. Die Ladungen stoßen sich gegenseitig ab, sodass Atome einander nicht durchdringen können.

Was das elektrostatische Feld anbelangt, „scheinen" Atome fest oder wenigstens in einer undurchdringlichen Hülle eingeschlossen zu sein. Doch das wirft neue Fragen auf: Warum halten die negativ geladenen Elektronen in ihrer Umlaufbahn Abstand zu den positiv geladenen Protonen des Kerns? Der klassischen Physik zufolge müssten sie magnetisch angezogen werden.

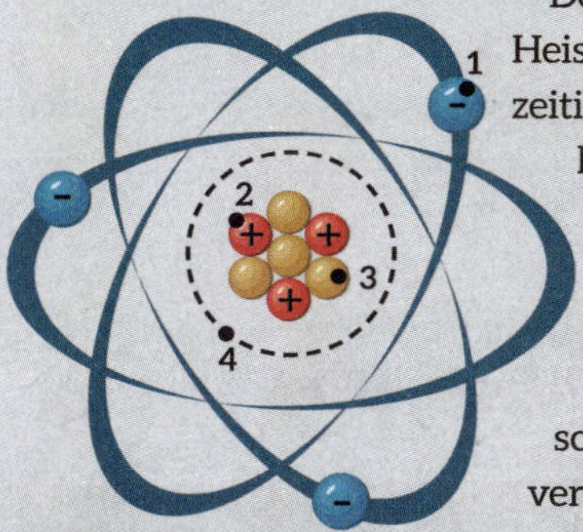

Doch die Quantenmechanik hat eine andere Erklärung: Die Heisenbergsche Unschärferelation legt dar, dass wir nicht gleichzeitig Kenntnis von Position und Impuls eines Teilchens haben können. Wenn also ein Elektron sich dem Atomkern nähert, dann würde seine Position zunehmend eingeschränkt. Andererseits würde zugleich sein Impuls zusehends unberechenbarer. Das Elektron verhielte sich wie eine im Behälter eingesperrte Biene, die immer wütender umherschwirrt, je kleiner der Behälter wird, und die um jeden Preis verhindern will, in den Kern zu „fallen".

LEGENDE

1. Elektron
2. Proton
3. Neutron
4. Atomkern

RÄTSEL-ANWEISUNGEN

Platziere Elektronen so in den Kästchen, dass jede Zeile, Spalte und jeder umrandete Bereichgenau ein Elektron enthält. Dabei dürfen sich Elektronen nicht in angrenzenden Kästchen befinden, auch nicht in diagonalen.

CHEMIE

DAS PERIODENSYSTEM

Diese Liste aller bekannten Elemente ist nach ihren Kernmerkmalen und chemischen Eigenschaften gegliedert. Das Ordnungsprinzip der Tabelle wurde von dem russischen Chemiker Dmitri Mendelejew (1834–1907) entwickelt. Er hatte herausgefunden, dass sich bei Anordnung der Elemente nach ihrer Atommasse die zuvor genannten Kern- und chemischen Merkmale periodisch wiederholen. Daher der Name „Periodensystem".

Das Grundprinzip hinter dem periodischen Wesen der Übersicht ist die Ordnungszahl (Protonenanzahl im Atomkern) und nicht das Atomgewicht. Ein Großteil der für die Erstellung einer genauen Tabelle erforderlichen Informationen fehlte damals außerdem noch oder war fehlerhaft. Mendelejew akzeptiere in seinem kühnen ersten Schritt dieses Risiko, und es erwies sich, dass dort, wo die bisherigen Forschungsergebnisse nicht mit seiner Tabelle übereinstimmten, die Wissenschaft bis dato unrecht und er recht hatte.

Die Elemente des Periodensystems sind mit von links nach rechts ansteigenden Ordnungszahlen in sieben Reihen oder Perioden angeordnet. Die so

CHEMIE

- Alkalimetalle
- Erdalkaliemetalle
- Lanthanoide
- Actinoide
- Übergangsmetalle
- Postübergangs-metalle
- Halbmetalle
- Nichtmetalle
- Halogene
- Edelgase
- Unbekannte chemische Eingenschaften

* Feststoff

** Flüssigkeit

*** Gas

**** Unbekannt

Wasserstoff *** H 1.008 1							
Lithium * Li 6.941 3	Beryllium * Be 9.012 4						
Natrium * Na 22.99 11	Magnesium * Mg 24.31 12						
Kalium * K 39.10 19	Kalzium * Ca 40.08 20	Scandium * Sc 44.96 21	Titan * Ti 47.87 22	Vanadium * V 50.94 23	Chrom * Cr 52.00 24	Mangan * Mn 54.94 25	Eisen * Fe 55.84 2
Rubidium * Rb 85.47 37	Strontium * Sr 87.62 38	Yttrium * Y 88.91 39	Zirconium * Zr 91.22 40	Niob * Nb 92.91 41	Molybdän * Mo 95.94 42	Technetium * Tc [98] 43	Ruthenium * Ru 101.07 4
Caesium * Cs 132.91 55	Barium * Ba 137.33 56	LANTHANOIDE	Hafnium * Hf 178.49 72	Tantal * Ta 180.95 73	Wolfram * W 183.84 74	Rhenium * Re 186.21 75	Osmium * Os 190.23 7
Francium * Fr [223] 87	Radium * Ra [226] 88	ACTINOIDE	Rutherfordium **** Rf [267] 104	Dubnium **** Db [268] 105	Seaborgium **** Sg [269] 106	Bohrium **** Bh [270] 107	Hassium **** Hs [269] 10
		Lanthan * La 138.91 57	Cer * Ce 140.12 58	Praseodym * Pr 140.91 59	Neodym * Nd 144.24 60	Promethium * Pm [145] 61	Samarium * Sm 150.36 6
		Actinium * Ac [227] 89	Thorium * Th 232.04 90	Protactinium * Pa 231.04 91	Uran * U 238.03 92	Neptunium * Np [237] 93	Plutonium * Pu [244] 9

entstehenden Spalten bezeichnet man auch als Familien, weil die Elemente der jeweiligen Spalte einander in ihren physikalischen und chemischen Eigenschaften ähneln. Diese Aufteilung ist nur eine von mehreren Möglichkeiten, um die Tabelle zu strukturieren. Ein weiteres Gliederungsverfahren unterscheidet zwischen Metallen (leitfähig, normalerweise fest, glänzend, verformbar), Nichtmetallen (nicht leitende Gase, Feststoffe und Flüssigkeiten) und Halbmetallen (Halbleiter und daher in der Elektronik nützlich).

Alles Leben ist in den Mysterien des Periodensystems enthalten.

Welches ikonische vermeintliche Geheimnis des Lebens wird durch die beiden folgenden Elementereihen dargestellt?

- **Cr – Hf – Re – W – Mo – Sg**
- **Pd – Cu – Zn – In – Ds – Nh**

									Helium *** **He** 4.003 2
				Boron * **B** 10.81 5	Carbon * **C** 12.01 6	Stickstoff *** **N** 14.01 7	Sauerstoff *** **O** 16.00 8	Fluor *** **F** 19.00 9	Neon *** **Ne** 20.18 10
				Aluminium * **Al** 26.98 13	Silizium * **Si** 28.09 14	Phosphor * **P** 30.97 15	Schwefel * **S** 32.07 16	Chlor *** **Cl** 35.45 17	Argon *** **Ar** 39.95 18
obalt **Co** 8.93 27	Nickel * **Ni** 58.69 28	Kupfer * **Cu** 63.55 29	Zink * **Zn** 65.39 30	Gallium * **Ga** 69.72 31	Germanium * **Ge** 72.63 32	Arsen * **As** 74.92 33	Selen * **Se** 78.96 34	Brom ** **Br** 79.90 35	Krypton *** **Kr** 83.80 36
hodium **Rh** 02.91 45	Palladium * **Pd** 106.42 46	Silber * **Ag** 107.87 47	Kadmium * **Cd** 112.41 48	Indium * **In** 114.82 49	Zinn * **Sn** 118.71 50	Antimon * **Sb** 121.76 51	Tellur * **Te** 127.60 52	Jod * **I** 126.90 53	Xenon *** **Xe** 131.29 54
idium **Ir** 92.22 77	Platin * **Pt** 195.08 78	Gold * **Au** 196.97 79	Quecksilber ** **Hg** 200.59 80	Thallium * **Tl** 204.38 81	Blei * **Pb** 207.2 82	Bismut * **Bi** 208.98 83	Polonium * **Po** [209] 84	Astat * **At** [210] 85	Radon *** **Rn** [222] 86
eitnerium *** **Mt** 278] 109	Darmstadtium **** **Ds** [281] 110	Roentgenium **** **Rg** [281] 111	Copernicium **** **Cn** [285] 112	Nihonium **** **Nh** [286] 113	Flerovium **** **Fl** [289] 114	Ununpentium **** **Uup** [289] 115	Livermorium **** **Lv** [293] 116	Ununseptium **** **Uus** [294] 117	Ununoctium **** **Uuo** [294] 118
uropium **Eu** 51.96 63	Gadolinium * **Gd** 157.25 64	Terbium * **Tb** 158.93 65	Dysprosium * **Dy** 162.50 66	Holmium * **Ho** 164.93 67	Erbium * **Er** 167.26 68	Thulium * **Tm** 168.93 69	Ytterbium * **Yb** 173.04 70	Lutetium * **Lu** 174.97 71	
mericium **Am** 243] 95	Curium * **Cm** [247] 96	Berkelium * **Bk** [247] 97	Californium * **Cf** [251] 98	Einsteinium * **Es** [252] 99	Fermium * **Fm** [257] 100	Mendelevium * **Md** [258] 101	Nobelium * **No** [259] 102	Lawrencium * **Lr** [262] 103	

RADIOAKTIVITÄT

Die Kernchemie ist der Zweig der Chemie, der sich mit Radioaktivität, Isotopen und Kernreaktionen befasst. Wie erwähnt, werden Elemente durch die Zahl ihrer Protonen im Atomkern voneinander unterschieden (also durch ihre Ordnungszahl), was sich wiederum auf die Menge der Elektronen auswirkt, die den Kern umkreisen. Beides bestimmt, welche chemischen Eigenschaften das Element hat. Doch Protonen sind nicht die einzigen subatomaren Teilchen im Kern; es kann dort auch Neutronen geben. Wir haben bereits festgestellt, dass ihre Anzahl in unterschiedlichen Isotopen ein und desselben Elements variieren kann. Allgemein gilt: je größer ein Atomkern ist, umso instabiler ist er. Manchmal brechen Kerne spontan auf und stoßen Teilchen oder elektromagnetische Wellen ab; dieses Phänomen ist bekannt als Radioaktivität. Es kann auch geschehen, dass ein Atomkern in zwei kleinere zerfällt. Diesen Vorgang bezeichnet man als Kernspaltung. Er setzt große Mengen Energie frei, beispielsweise in einer Atombombe.

	5	1	5	1	7	3	3	1	1
1									
1									
2									
1									
1									
1									
1									
1									
2									

RÄTSEL-ANWEISUNGEN

Zerlege jede Zeile und Spalte in getrennte Bereiche. Schraffiere zwei Kästchen in jeder Zeile und Spalte so, dass die Zahl der unschraffierten Kästchen zwischen den beiden schraffierten mit der Angabe über der Zeile oder der Spalte übereinstimmt. Schraffierte Kästchen dürfen einander nicht berühren, auch nicht diagonal.

WIE VIEL URIN BRAUCHT MAN, UM EIN NEUES ELEMENT ZU ENTDECKEN?

Der deutsche Alchemist Hennig Brand (ca. 1630–1692) war ein Anhänger der Signaturlehre, der zufolge Elemente wie Gold eine Signatur haben, für die sich Entsprechungen in der Natur finden lassen. Menschlicher Urin war wohlbekannt als Quelle für starke chemische Wirkstoffe und kam etwa bei der Herstellung von Schießpulver und bei der Verarbeitung von Leder zum Einsatz. Brand erschien es logisch, dass der „goldene“ Urin ein Schlüssel zur Transmutation von Gold sein müsse, und er unternahm auf der Suche nach geheimen Substanzen übelriechende Experimente.

In seinem Keller ließ Brand 60 Wannen mit Urin gären und kochte ihn anschließend zu einer Paste ein. Indem er die Paste mit Holzkohle erhitzte, gewann er zwar nicht Gold, aber eine geheimnisvolle wächserne Substanz, die im Dunklen leuchtete. Er gab dem neuen Element den Namen Phosphorus (Griechisch: „Lichtträger“) – Phosphor.

RÄTSEL-ANWEISUNGEN

Unterteile die als Kästchen dargestellten 60 Wannen in Elemente mit unterschiedlich vielen Teilchen. Fülle die leeren Kästchen so mit Zahlen, dass jede Zahl zu einem zusammenhängenden Bereich mit ebenso vielen Kästchen gehört. Ein Bereich gilt als zusammenhängend, wenn sich die enthaltenen Kästchen gleichen Wertes direkt berühren. Zwei Bereiche mit gleichen Zahlen dürfen nicht aneinandergrenzen. Es ist hilfreich, die Bereiche einzurahmen.

	11	5	6		6		
				6		7	
		5		6	6	7	
		5	2				4
11				8	3		
	3	8	6		6		
	5		5				
		5		3	3	3	

EXPLOSIVE ENTDECKUNG

Seit der Zeit des legendären ersten Gottkaisers Qin Shihuangdi (259–210 v. Chr.) haben chinesische Alchemisten versucht, durch die Kombination von Substanzen magische Effekte zu erzielen, doch nie mit der explosiven Wirkung, wie sie einige Unglückliche im neunten Jahrhundert erlebten. Ein alchemistischer Text aus dem Jahr 850 berichtet, was geschah, als Alchemisten Weidenholzkohle mit Honig, Schwefel und Salpeter (in früheren Zeiten aus Urin oder Vogelkot gewonnen) mischten:

„Einige haben Salpeter, Schwefel und Holzkohle mit Honig erhitzt; die aufsteigenden Flammen und der beißende Rauch verbrannten ihnen Hände und Gesichter und sogar das ganze Haus."

Die angekokelten Alchemisten hatten ungewollt das Schießpulver erfunden, eine Mischung, in der Salpeter auf Kohlenstoff als starkes Oxidationsmittel wirkt und ihn schnell und explosiv in Kohlendioxid umwandelt, wobei Schwefel als Katalysator dient. Zwar wurde Schwarzpulver ursprünglich vor allem als Pestizid und in der Kosmetik verwendet, doch später entwickelte es sich zu einer militärischen Schlüsseltechnologie, die im Laufe der Jahrhunderte die Kriegsführung veränderte und massive soziale und wirtschaftliche Auswirkungen nach sich zog.

				3		2	
3		4			4		2
1		1		3			3
1			1				
2					4		3
	5	4			2		1
3			3	3		3	
		4				2	

RÄTSELANWEISUNGEN

Wo ist der Sprengstoff? Verteile Minen in den leeren Kästchen des Gitters (pro Kästchen nur eine). In einigen Kästchen geben Zahlen an, wie viele Minen sich in einander berührenden Zellen – auch diagonal – befinden.

WELCHES LIEBLINGSTIER HABEN CHEMIKER?

CHEMIE

Der bekannteste Vertreter der Mulle ist der Maulwurf (Englisch: mole). Die sprachliche Nähe des Mulls/Maulwurfs zur chemischen Maßeinheit Mol macht das Tier bei Chemikern populär. Ein Mol eines Stoffs enthält genau 6,02214076 x 10^{23} oder ca. *600 Trilliarden* Teilchen – diese Menge wird als Avogadro-Konstante bezeichnet – und entspricht damit genau 12 g des Kohlenstoffisotops ^{12}C.

Die Avogadro-Konstante, benannt nach dem italienischen Wissenschaftler Amedeo Avogadro (1776–1856), ist für die Chemie ein zentraler Wert, weil so die Atommasse in Beziehung zu messbaren Größen in der realen Welt gesetzt werden kann. Durch diese Relation gelingt es Chemikern, die Menge von Atomen oder Molekülen einer Substanz zu wiegen. Weil man Teilchen praktisch nicht zählen kann, ist es sehr hilfreich, über das Mol ein Bezugssystem zu haben.

Die Definition für Mol besagt, dass eine Anzahl von Teilchen in Höhe der Avogadro-Zahl genauso viel in Gramm wiegt, wie das Atomgewicht der Teilchen. Folglich wiegt 1 mol des Kohlenstoffisotops ^{12}C genau 12 g. Wenn man also 48 g ^{12}C hat, dann entspricht dies 4 mol.

Welchen Nutzen hat diese Festlegung in der Praxis? Nun, wenn du feststellst, dass diese Menge Kohlenstoff mit 128 g O_2-Gas (ebenfalls 4 mol) reagiert, dann kannst du darauf schließen, dass es sich bei dem resultieren Gas um Kohlendioxid handelt und nicht um Kohlenmonoxid – ein lebenswichtiger Unterschied.

▼ Zwar kein richtiges Mol, aber es ist nicht abwegig anzunehmen, dass besonders englischsprachige Chemiker eine Schwäche für den Maulwurf haben.

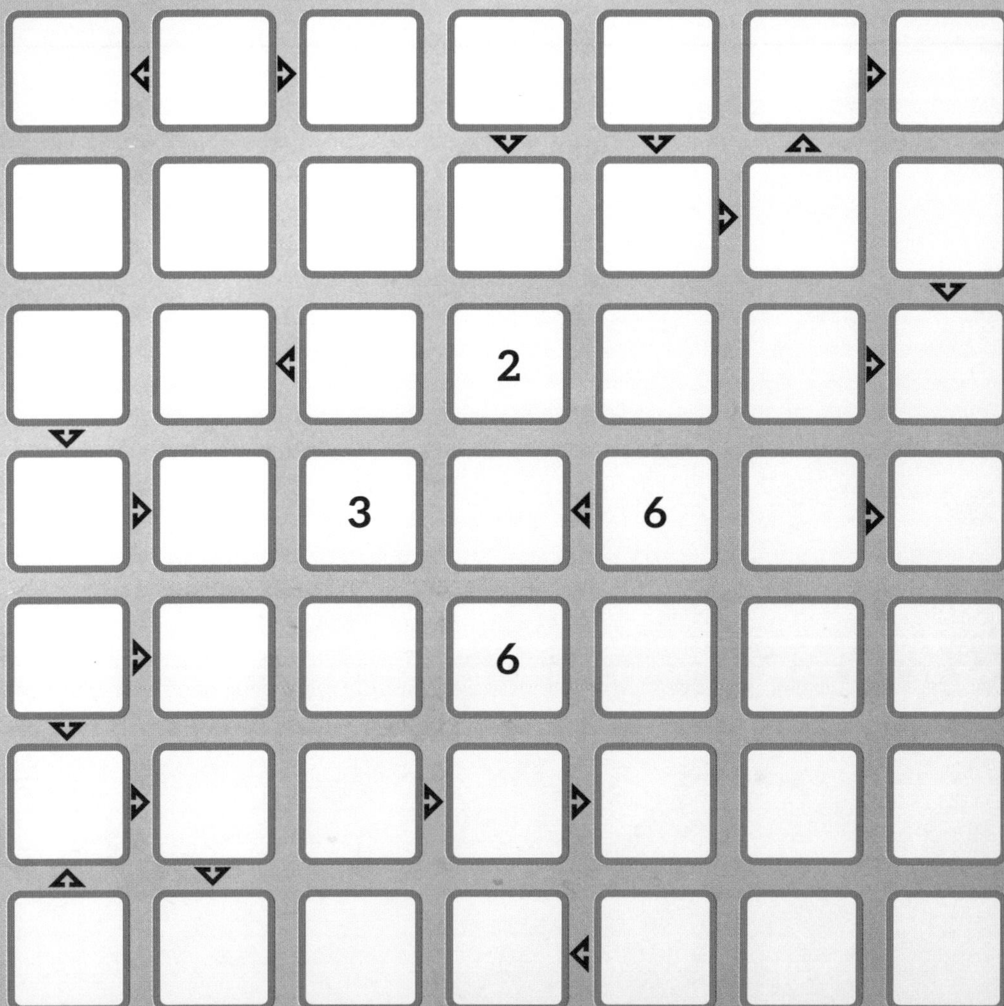

RÄTSELANWEISUNGEN

Berechne das Gewicht jedes Kästchens basierend auf den angegebenen Ungleichungen. Verteile die Ziffern 1 bis 7 pro Zeile und Spalte, aber beachte dabei die Vergleichszeichen. Das Größerzeichen (>) besagt, dass der Wert in einem Kästchen größer ist als in der daneben liegend. Das Zeichen weist immer auf die kleinere Zahl.

FUSSBALLMOLEKÜLE UND NANORÖHREN

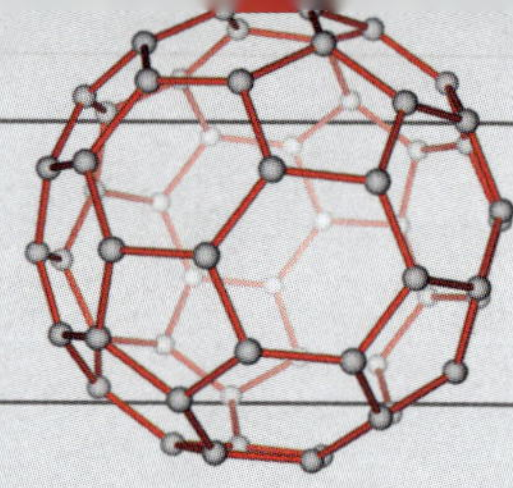

Kohlenstoffatome können bis zu vier Verbindungen gleichzeitig mit anderen Atomen eingehen. Sie verfügen damit über eine faszinierende Flexibilität bei der Bildung unterschiedlicher Moleküle, unter anderem kommen so die komplexen Langkettenmoleküle zustande, aus denen alles Leben besteht. Außerdem können sie sich exklusiv mit anderen Kohlenstoffatomen zu einer Reihe verschiedener Allotropien verbinden. Einige von ihnen sind uns vertraut, wie etwa Holzkohle oder der früher in Bleistiften verwendete Graphit oder natürlich Diamanten. Doch andere wie Fußballmoleküle und Nanoröhren sind Exoten.

Fußballmolekül ist der umgangssprachliche Name für ein bestimmtes, aus 60 C-Atomen zusammengesetztes Fulleren – benannt nach dem amerikanischen Architekten und Visionär Buckminster Fuller (1895–1983) und seiner geodätische Kuppel. Das Fußballmolekül wurde als eines der ersten Nanomoleküle entdeckt.

Nanoröhren sind Kohlenstoffgebilde in Form einer einzelnen aufgerollten Graphen-Schicht. In diesen Allotropien gehen die C-Atome nur in der Horizontalen Verbindungen miteinander ein und sind nur ein Atom dick. Nanoröhren haben erstaunliche Eigenschaften wie etwa höchste Leitfähigkeit und immense Reißfestigkeit. Viele glauben deshalb, dass sie in der aufkommenden Nanotechnologie eine wichtige Rolle spielen werden. Etwa könnten sie eines Tages Silikon in unseren Computerchips ersetzen und so eine extreme Leistungssteigerung von Computern bewirken.

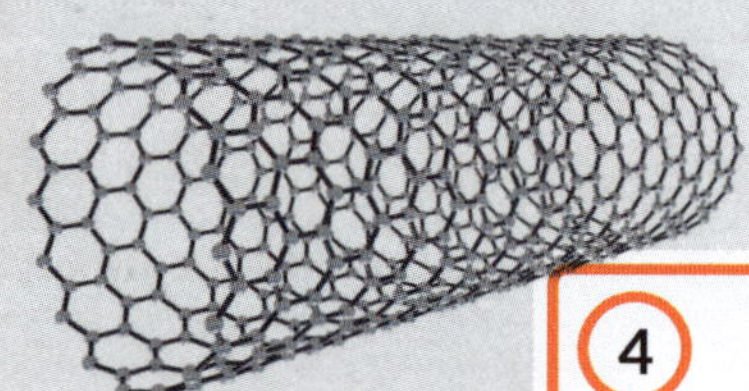

CHEMIE

RÄTSEL-ANWEISUNGEN

Schaffe komplexe Moleküle. Verbinde die umkreisten Zahlen mit horizontalen oder vertikalen Linien. Jede Ziffer muss so viele Verbindungen aufweisen, wie ihr Wert angibt. Zwei Zahlen dürfen höchstens eine Doppelbindung haben und Linien dürfen einander nicht kreuzen. In der vollständigen Struktur sind alle Ziffern über mindestens eine Linie verbunden.

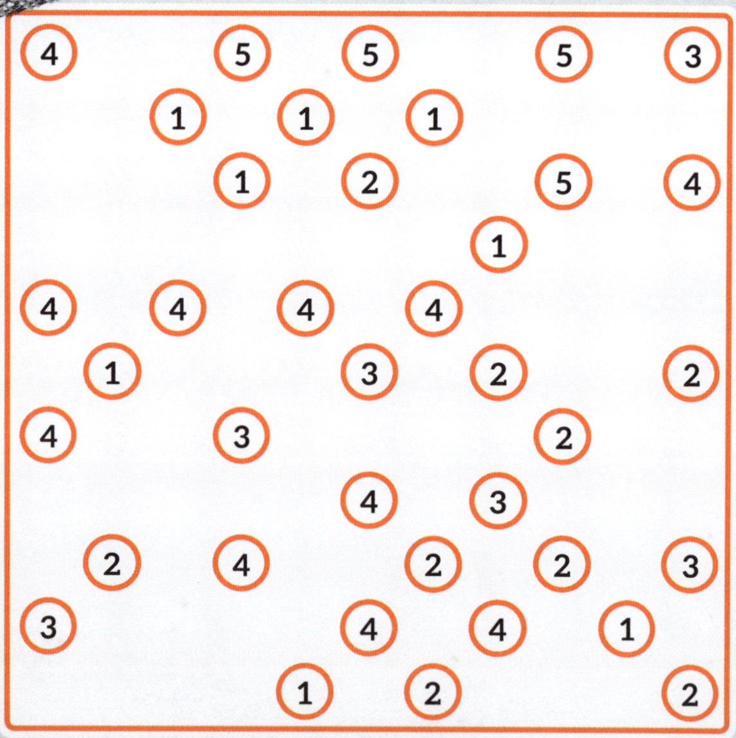

WASSER IST SONDERBAR

Wasser, der flüssige Aggregatzustand des Moleküls Dihydrogenmonoxid, ist vielleicht die wichtigste Substanz auf der Erde, aber auch eine der merkwürdigsten chemischen Verbindungen. Seine ungewöhnlichen Eigenschaften sind auf die Gestalt des Moleküls zurückzuführen: Die beiden Wasserstoffatome sind nicht links und rechts vom zentralen Sauerstoffatom (also in einem Winkel von 180°) angeordnet, sondern gemeinsam auf einer Seite in einem Winkel von nur 105°. Daher ist die elektrische Ladung nicht gleichmäßig verteilt und das Molekül hat Pole.

Die geringfügig geladenen Enden ziehen einander schwach an und bilden leicht lösbare Wasserstoffverbindungen, die Wassermolekülen eine große Haftung verleihen. Deshalb hat Wasser einen vergleichsweise hohen Siedepunkt und bleibt in einem größeren Temperaturbereich flüssig. Außerdem kann es viel Hitze aufnehmen und langsam abgeben und deshalb auf der Erde Temperaturänderungen regulieren – anders als auf dem Mars, wo die Temperaturen gewaltig schwanken. Die geringe Ladung des Moleküls macht Wasser außerdem zu einem hervorragenden Lösungsmittel, was wiederum die Grundlage für die Chemie des Lebens ist.

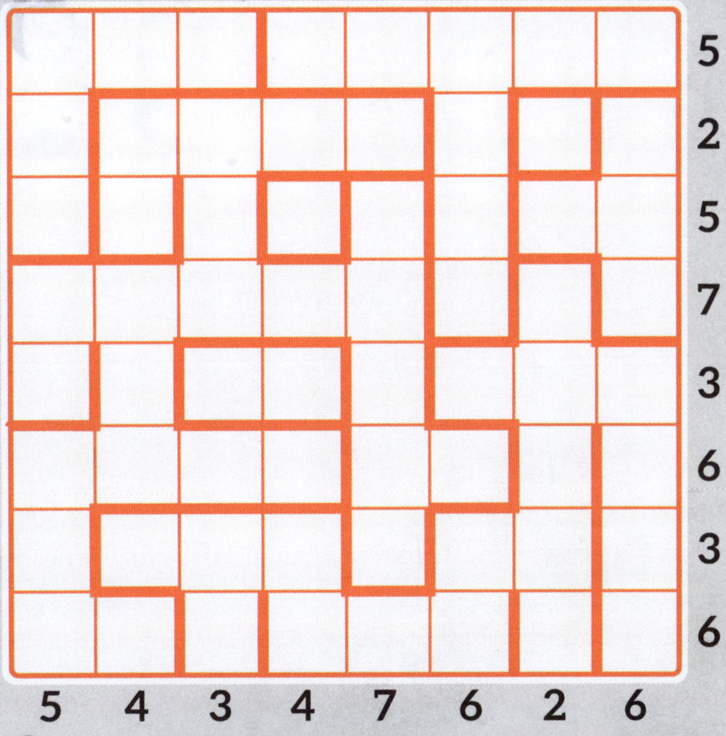

RÄTSEL-ANWEISUNGEN

Kannst du herausfinden, wo Wasser entlang fließt? Schraffiere Kästchen so, dass jede Zeile und jede Spalte die angegebene Anzahl der als Wasser zu kennzeichnenden Kästchen enthält. Verteile das Wasser so, dass innerhalb der abgegrenzten Behälter das Wasser gleich hoch steht.

WIE MAN EINE BESSERE BATTERIE BAUT

Eine Batterie ist eine Zelle, die durch die Umwandlung von chemischer Energie in Elektrizität einheitlichen elektrischen Gleichstrom liefert. Zahlreiche moderne Leittechnologien wie Mobiltelefone oder Elektroautos sind von Lithium-Ionen-Akkus abhängig. Sie enthalten Ionen des Metalls Lithium, die sich in einem flüssigen Medium namens Elektrolyt zwischen den positiven und negativen Elektroden hin- und herbewegen und elektrische Ladung transportieren.

Weil der Prozess im Lithium-Ionen-Akku umkehrbar ist, kann man ihn wieder aufladen – ein entscheidender Vorteil. Jedoch ist die Energiedichte und damit die Energiemenge, die pro Einheit gespeichert werden kann, in allen Akkus beschränkt und damit der limitierende Faktor für jegliche batteriegespeiste Technologie. Wenn wir E-Autos, Flugzeuge, Schiffe und Drohnen oder andere nützliche autonome Roboter mit ausreichender Reichweite haben wollen, dann brauchen wir Batterien mit viel größerer Energiedichte.

Eine ganze Reihe von Strategien wurde bereits erprobt, um dieses Ziel zu erreichen. Beispielsweise hat man traditionelle Elektroden durch leichtere Materialien wie Schwefel oder Silikon ersetzt, flüssige Elektrolyte gegen feste ausgetauscht, Elektroden praktisch verflüssigt (in der sogenannten Redox-Flow-Batterie) oder sogar ganz auf Batterien verzichtet und die gesamte Karosserie des Fahrzeugs in einen Kondensator verwandelt, der elektrostatische Ladung speichert.

Vor diesen Herausforderungen steht die Wissenschaft in den nächsten Jahrzehnten, insbesondere im Hinblick auf den Klimawandel.

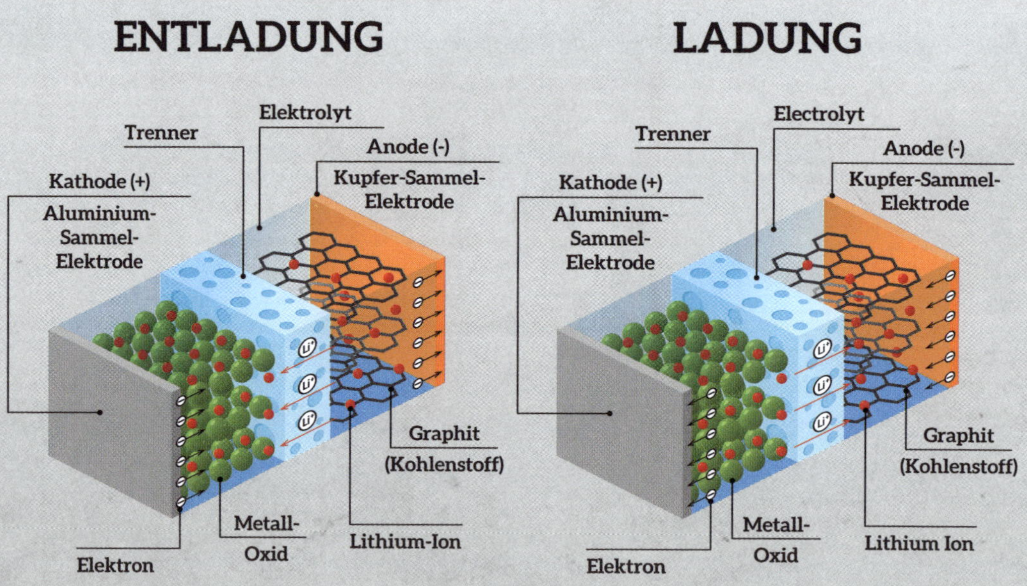

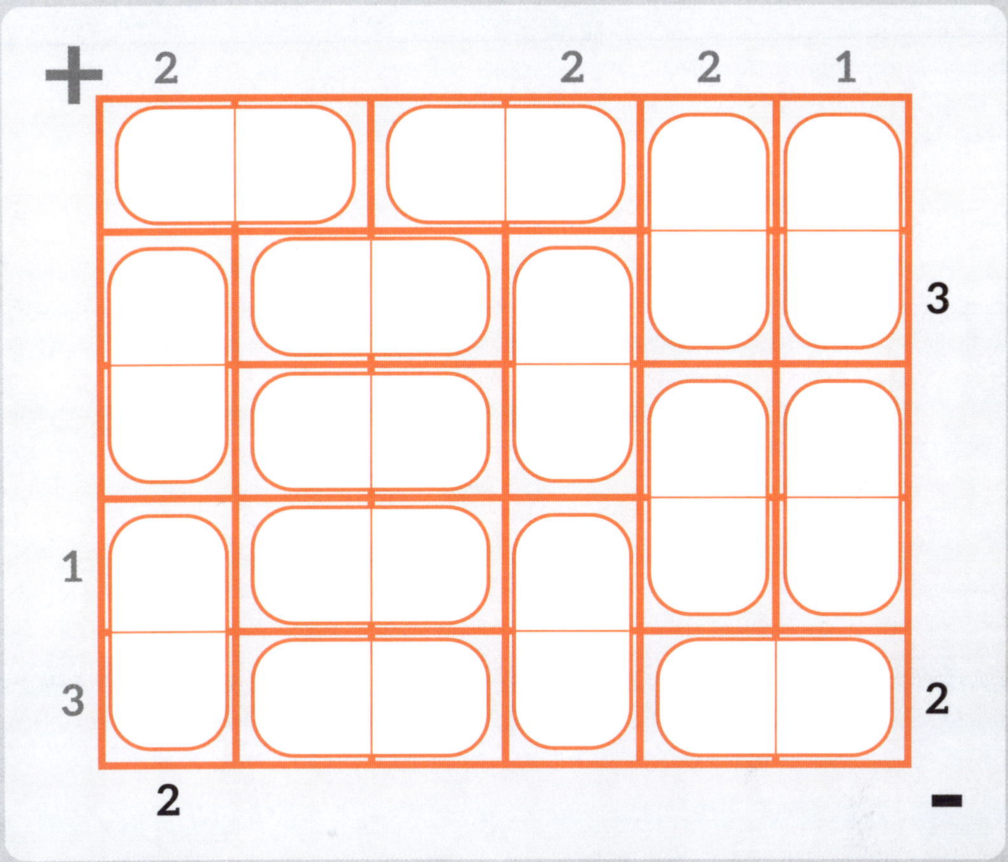

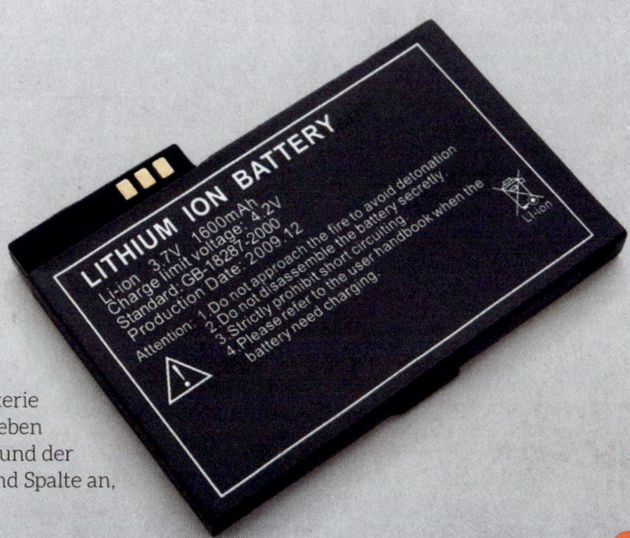

RÄTSELANWEISUNGEN

Jede als ovale Fläche dargestellte Batterie muss einen Plus- und einen Minuspol erhalten oder als leer gekennzeichnet werden. Links, rechts, über und unter einem Pol darf sich kein gleichartiger Pol einer anderen Batterie befinden. Die Ziffern außerhalb des Gitters geben die Gesamtzahl der Anoden (oben und links) und der Kathoden (unten und rechts) in jeder Zeile und Spalte an, doch fehlen einige Zahlen.

KEKULÉS TRAUM

Weil Kohlenstoff zahlreiche Verbindungen eingeht und lange Ketten bildet, an denen andere Elemente Platz finden, produziert er ein schier grenzenloses Spektrum von Molekülen. Diese Vielseitigkeit macht Kohlenstoff zum Grundbaustein des Lebens.

Die Beschäftigung mit C-Molekülen nennt man organische Chemie. Sie hat nur wenige Zutaten: Kohlen- und Wasserstoff, manchmal Sauer- und Stickstoff und einzelne andere Elemente. Doch aus dieser vergleichsweise einfachen Grundlage entsteht eine außerordentliche Komplexität, und frühe Wissenschaftler mühten sich, auch nur die Struktur einfacher organischer Verbindungen zu begreifen. So rang etwa der bahnbrechende Chemiker Friedrich August Kekulé (1829–1896) damit, die Beschaffenheit von Benzol (ein einfaches Molekül aus nur sechs Kohlenstoff- und sechs Wasserstoffatomen) zu durchschauen, bis die Antwort bekanntermaßen im Traum zu ihm kam.

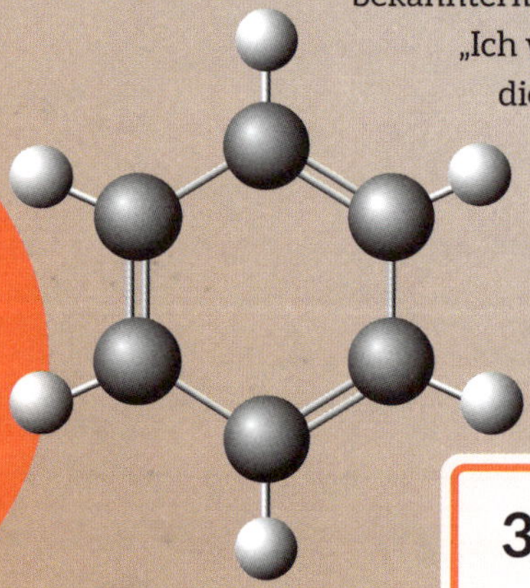

„Ich wendete meinen Stuhl zum Feuer und döste. Wieder tanzten die Atome in meinem Kopf herum, drehten und wendeten sich in schlangenartigen Bewegungen. Aber siehe da, was war das? Eine der Schlangen hatte ihr eigenes Schwanzende gepackt, und die Form wirbelte höhnisch vor meinen Augen herum. Und wie vom Blitz getroffen erwachte ich …"

Benzol, so begriff Kekulé, hat eine ringförmige Struktur.

3							
		7				8	
	7						
							3
				4			3
3			6		5		
			4	4			

RÄTSEL-ANWEISUNGEN

Erschaffe einen Benzolring mit seinen delokalisierten Elektronen. Führe eine Linie horizontal oder vertikal durch Kästchenmittelpunkte. Die Linie überkreuzt oder überdeckt sich nicht und kann nur durch leere Kästchen verlaufen. Kästchen mit Zahlen geben an, durch wie viele (auch diagonal) umliegende Kästchen die Linie führt.

FINGERABDRÜCKE DES LICHTS

Im frühen 19. Jahrhundert blickte der deutsche Optiker Joseph von Fraunhofer (1787–1825) durch eine Flamme auf eine Linse, welche das Licht brach und die Spektralfarben sichtbar machte. Dabei entdeckte er im Spektrum hellere Linien: Die Flamme sendete einige Wellenlängen in größerer Intensität aus als andere. Er wandte seine Linse der Sonne zu und bemerkt auch im Sonnenspektrum eine Reihe dunklerer Linien.

Fraunhofer kennzeichnete sie mit Buchstaben, doch ihr Ursprung und ihre Bedeutung blieben noch für Jahrzehnte verborgen. Das Rätsel löste sich erst 1859, als sich der Heidelberger Chemieprofessor Robert Bunsen (1811–1899) für die abgesetzten Farben interessierte, die beim Verbrennen bestimmter Elemente sichtbar wurden. Er zog Gustav Kirchhoff (1824–1887) hinzu, einen Kollegen aus der Physikabteilung, und gemeinsam erfanden sie die Spektralanalyse. Sie konnten zeigen, dass das so entstehende Licht jeweils ein charakteristisches Spektralmuster oder einen eigenen spektralen Fingerabdruck aufweist. Indem sie diese Muster analysierten – ein Vorgang, den man als Spektralanalyse bezeichnet –, konnten sie Elemente in verschiedenen Materialien ausfindig machen.

Bunsen und andere entdeckten mit dieser Methode neue Elemente, und gemeinsam mit Kirchhoff konnte er zeigen, dass Fraunhofers geheimnisvolle D-Linie auftritt, weil Natrium in der Sonnenatmosphäre präsent ist und deshalb bestimmten Lichtwellenlängen absorbiert.

RÄTSEL-ANWEISUNGEN

Verteile Lampen so in den freien Kästchen, dass alle freien Kästchen beleuchtet werden. Eine Lampe beleuchtet jedes freie Kästchen in ihrer Zeile und Spalte, das nicht durch ein schwarzes Kästchen blockiert wird. Lampen dürfen sich nicht gegenseitig anstrahlen. Die Zahlen in den schwarzen Kästchen geben an, wie viele Lampen sich in (nicht diagonal) angrenzenden Kästchen befinden. Alle schwarzen Kästchen stehen fest, bei einigen fehlen aber die Zahlen.

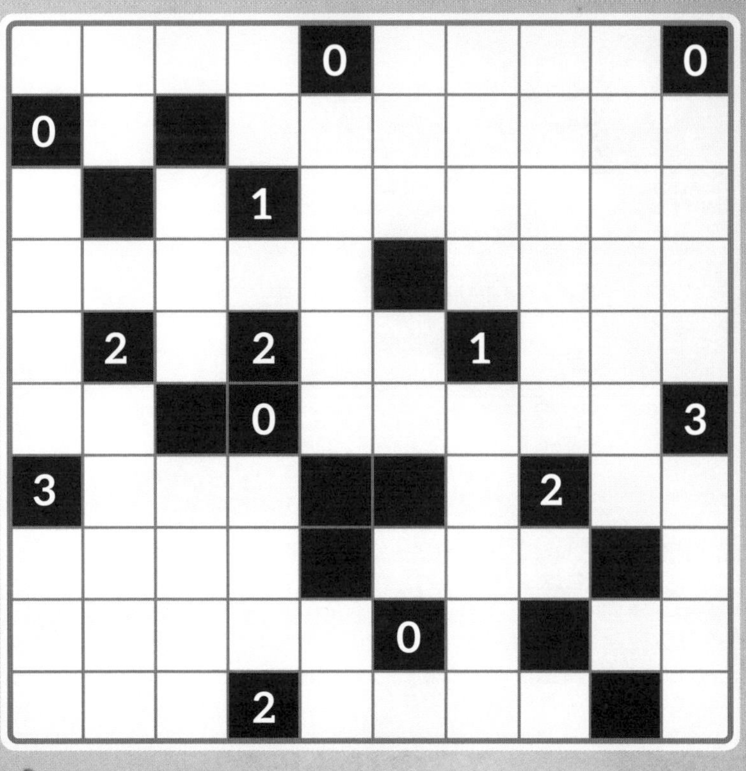

DAS TÖDLICHSTE GIFT

Botulinumtoxin ist das stärkste bekannte Gift. Ein paar Hundert Gramm reichen aus, um die gesamte Menschheit auszulöschen! Dennoch ist es heute vor allem als kosmetisches Produkt für die Faltenglättung (Botox) bekannt. Hergestellt wird es von einem Bakterium namens *Clostridium botulinum*, das in der Erde allgegenwärtig vorkommt und für Menschen nur dann gefährlich wird, wenn es sich in Nahrungskonserven oder schlecht versorgten Wunden festsetzen kann. Es handelt sich um eine Mischung giftiger Proteine, die die Erregungsübertragung von Nervenzellen hemmen. Die Folgen sind Muskelschwäche bis hin zum Stillstand der Lungenfunktion. Der Name *botulinum* leitet sich ab vom Lateinischen *botulus* für Wurst und hat seinen Ursprung in einer massenhaften Lebensmittelvergiftung in Wildbad im Jahr 1793, die auf verunreinigte Blutwurst zurückgeführt werden konnte. Trotz der einhergehenden Gefahren wird Botulinus medizinisch und in der kosmetischen Chirurgie eingesetzt, um neurologische Bewegungsstörungen wie Tics und Schreibkrampf oder Zerebralparese zu behandeln und um Falten zu glätten.

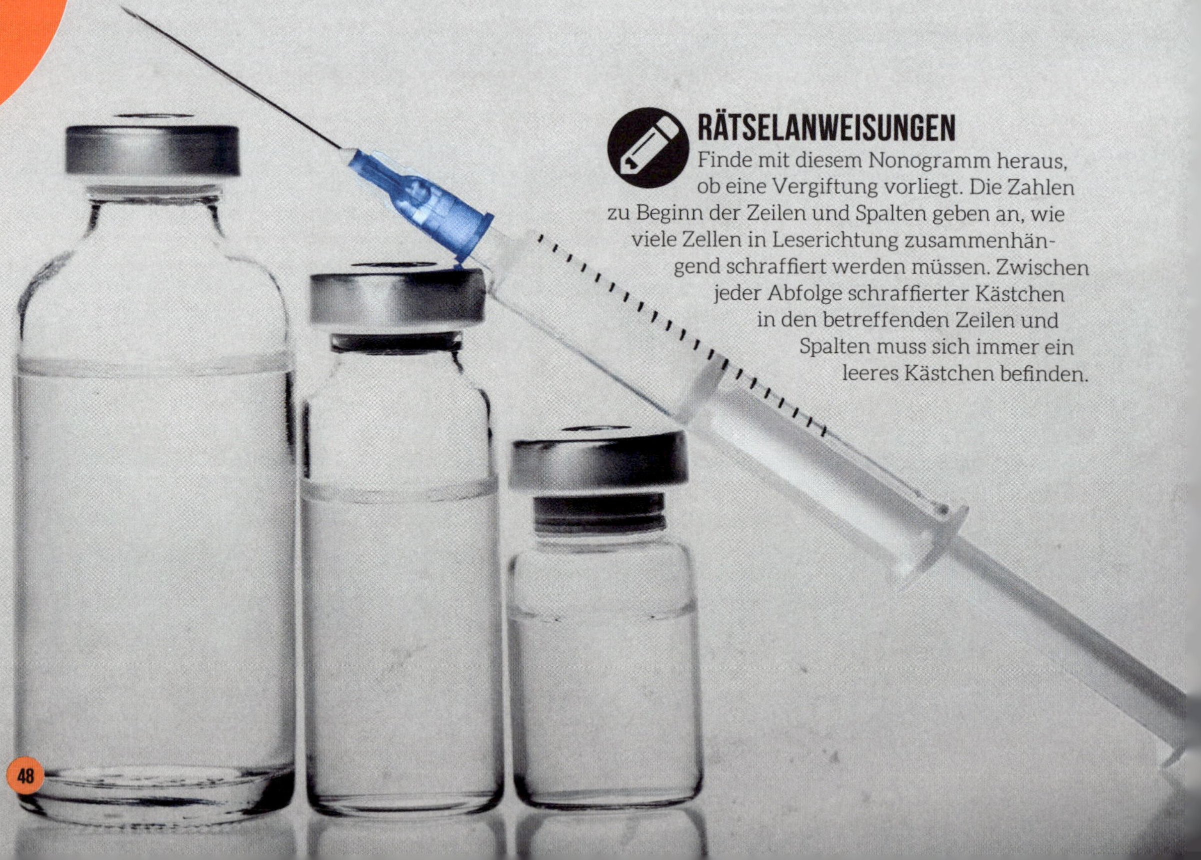

RÄTSELANWEISUNGEN

Finde mit diesem Nonogramm heraus, ob eine Vergiftung vorliegt. Die Zahlen zu Beginn der Zeilen und Spalten geben an, wie viele Zellen in Leserichtung zusammenhängend schraffiert werden müssen. Zwischen jeder Abfolge schraffierter Kästchen in den betreffenden Zeilen und Spalten muss sich immer ein leeres Kästchen befinden.

	10	4 2 1	3 2 2 2 1	5 3 1 2	5 1 2 3	5 1 2 3	5 1 2 3	5 3 1 2	3 2 2 2 1	4 2 1	10
7											
7											
7											
5											
7											
2, 2											
2, 1, 1, 2											
3, 3											
4, 1, 4											
1, 1, 1, 1											
1, 5, 1											
3, 3, 3											
4, 4											
1, 3, 1											
1, 5, 1											
11											

DAS CHEMIE-QUIZ

1) Welche Formel hat Wasser?

2) Was erhältst du, wenn du Wasserstoff in der Luft verbrennst?

3) Welches Element haben Alchemisten mit Sonne und Urin verbunden?

4) Welche Verbindung zweier Elemente macht Rost und Blut rot?

5) Aus welchem Element besteht die Mine eines Bleistifts? Hinweis: Es ist nicht Blei.

6) Ist eine Flüssigkeit mit dem pH-Wert 1 sauer oder basisch?

7) Welches ist das kleinste und leichteste Element im Periodensystem?

8) Wie heißt ein Atom, das Elektronen verloren oder hinzugewonnen und folglich eine elektrische Landung hat?

9) Welches Element hat die größte Dichte?

a) Blei ☐

b) Gold ☐

c) Osmium ☐

10) Die Ordnungszahl von Sauerstoff ist 8. Wie viele Protonen hat ein Sauerstoffatom?

11) Wie lautet der Sammelbegriff für die Elemente Neon, Xenon, Krypton und Argon?

12) Welches Metall löst Gold?

13) Wie wird eine Ionenwolke (oder -suppe) bezeichnet?

14) Aus welchen Elementen besteht ein Ethanolmolekül?

15) Salpeter ist eine der Hauptzutaten von Schießpulver. Wie lautet sein chemischer Name?

a) Kaliumnitrat ☐

b) Magnesiumoxid ☐

c) Distickstoffmonoxid ☐

16) Welcher französische Wissenschaftler hat die Radioaktivität entdeckt?

a) Marie Curie ☐

b) Henri Becquerel ☐

c) Louis Pasteur ☐

17) Das Haber-Bosch-Verfahren ist entscheidend für die Herstellung von Dünger. Es verbindet Stickstoff und Wasserstoff zu welcher Chemikalie?

18) Welches Gewicht hat 1 mol des Kohlenstoffisotops ^{12}C ?

19) Welches Uranisotop ist spaltbar und kann für die Herbeiführung einer Kernspaltung genutzt werden?

a) U-238 ☐

b) U-235 ☐

c) U-232 ☐

20) Natrium hat die Ordnungszahl 11. Welches Element folgt ihm im Periodensystem nach?

a) Kalzium ☐

b) Kalium ☐

c) Magnesium ☐

DIE UMWELT

Es gibt für das zukünftige Schicksal der Menschheit keine größere Bedrohung als unsere Misshandlung der Umwelt. Wenn wir unser Verhalten nicht schnell ändern, drohen direkt wie indirekt Gefahren: Treibhausgabe lassen die Temperatur ansteigen und sorgen für Unwetter, während das rücksichtslose Eingreifen in natürliche Lebensräume Pandemien auslöst. Zum Glück kann die Wissenschaft uns den Weg in eine saubere und grünere Zukunft weisen.

DER TREIBHAUSEFFEKT

Dass auf der Erde – im Gegensatz zu anderen Planeten wie dem Mars – Leben möglich ist, liegt unter anderem an der hohen Konzentration von sogenannten „Treibhausgasen" in der Atmosphäre. Gase wie zum Beispiel Kohlendioxid und Wasserdampf werden so genannt, weil sie auf der Erde wirken wie Glasscheiben in einem Gewächshaus.

Sie sind meist für die kurzwellige Strahlung am sichtbaren Ende des Lichtspektrums durchlässig – so können Sonnenstrahlen einfallen, die die Erde erwärmen. Allerdings absorbieren sie die langwellige Strahlung im Infrarot-Bereich des Spektrums. Wenn also der aufgewärmte Planet seine Wärme als Infrarotstrahlung wieder zurückschickt, kann die Energie nicht einfach durch die Atmosphäre dringen. So ist die Erde 35° wärmer, als sie ohne natürlichen Treibhauseffekt wäre, und damit bewohnbar.

Doch die letzten Jahrzehnte haben gezeigt, dass dieser Effekt das empfindliche Ökosystem der Erde auch schädigen kann. Die Verbrennung schmutziger fossiler Brennstoffe, die Abholzung der Wälder und andere menschliche Aktivitäten haben die Konzentration der Treibhausgase in der Atmosphäre steigen lassen und den Treibhauseffekt verstärkt. Steigende Temperaturen werden auch das Leben auf der Erde zwingen, sich neu anzupassen.

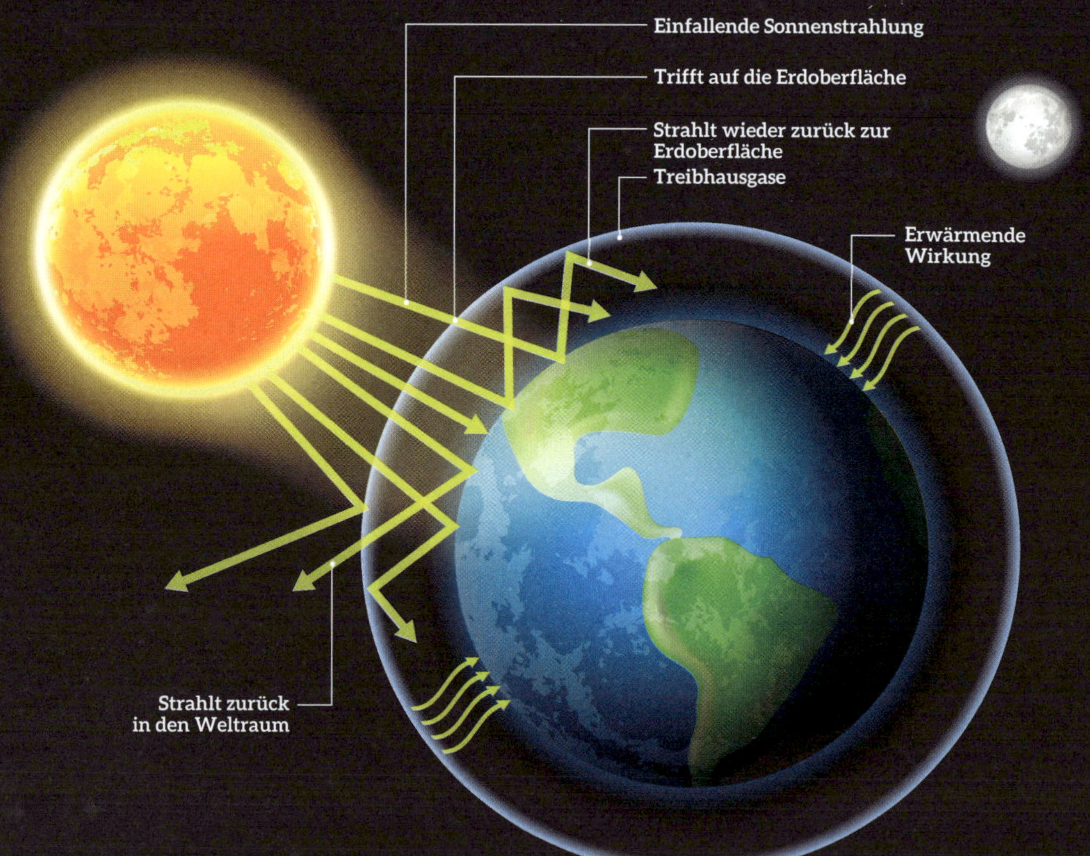

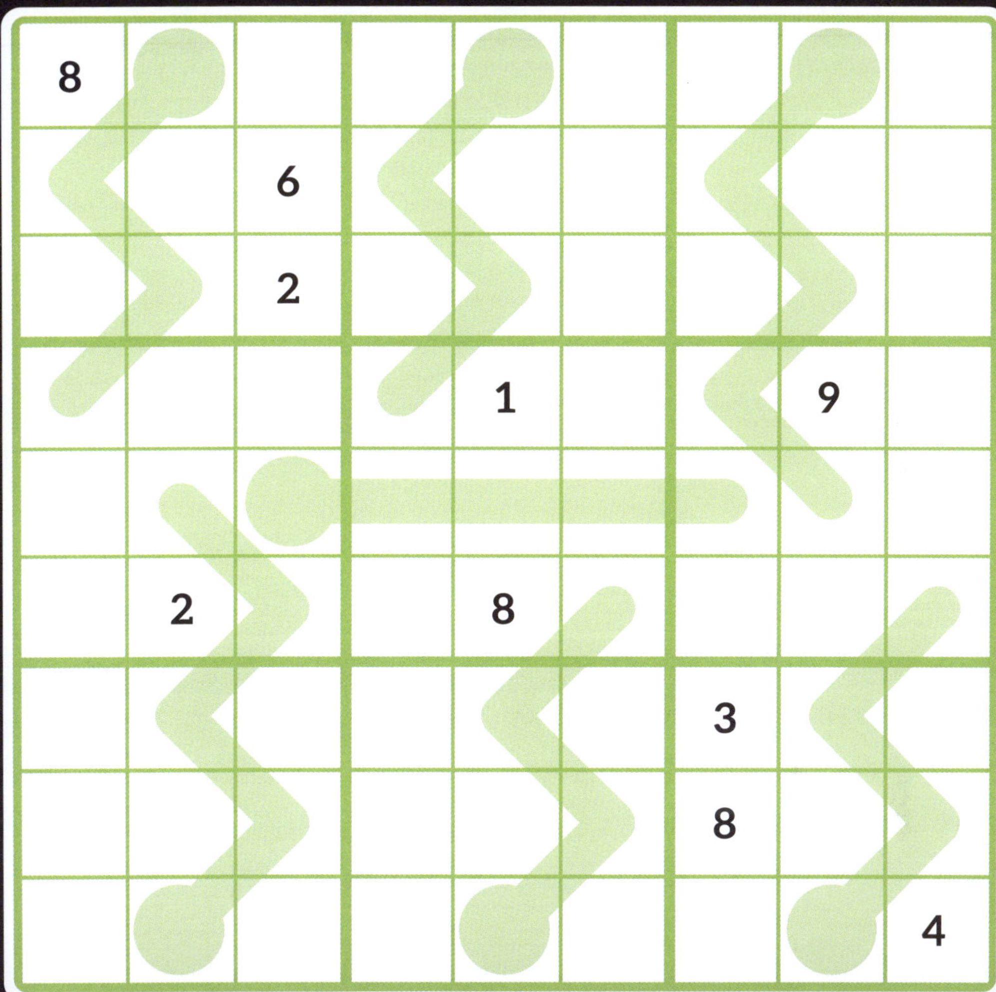

RÄTSELANLEITUNG

Die Temperaturen steigen! Schreibe jede Zahl von 1 bis 9 einmal in jede Zeile, in jede Spalte und in jedes fett umrandete 3x3-Gebiet. Der Zahlenwert muss innerhalb der Thermometer von dem Gefäß (niedrigster Wert) bis zur Spitze (höchster Wert) steigen. Das heißt auch, dass die Zahlen sich in einem Thermometer nicht wiederholen dürfen.

GEO-ENGINEERING

Der Begriff „Geo-Engineering“ beschreibt großräumige Eingriffe in das globale Klima und die Ökologie, oft mit der Absicht, die Erderwärmung und damit den Klimawandel zu stoppen. Manche Vorschläge der Geo-Ingenieure hören sich wie Science-Fiction an, wie etwa das Vorhaben, einige Prozente des auf die Erde treffenden Lichts zu blockieren, indem „Weltraum-Sonnenschirme“ zwischen Sonne und Erde platziert werden.

Es gibt Pläne, große Regionen mit kohlendioxid-bindenden Felsen abzudecken, die Weltmeere mit großen Mengen Dünger zu versorgen, um das Algenwachstum zu fördern, das wiederum der Atmosphäre Kohlenstoff entzieht, oder große Wolkenformationen dazu zu bringen, einfallendes Licht zu blockieren. All das klingt aufregend und der Fantasie der Klimawissenschaftler sind keine Grenzen gesetzt. Doch abgesehen von Kosten und Machbarkeit, können diese kühnen Ideen des Geo-Engineerings auch ungeahnte Konsequenzen haben, denn es ist unmöglich, alle Folgen dieser massiven Eingriffe vorherzusagen.

RÄTSELANLEITUNG

Baue Konstruktionen unterschiedlicher Höhe, um das Sonnenlicht abzuschirmen. Schreibe die Zahlen 1 bis 5 jeweils einmal in jede Zeile und Spalte des Gitters. Platziere diese Ziffern so, dass die Hinweise außerhalb des Gitters die Anzahl der Ziffern angeben, die von diesem Punkt aus „sichtbar“ sind, wenn man entlang der Zeile oder Spalte des Hinweises schaut. Eine Ziffer ist dann nicht mehr sichtbar, wenn ihr in der Leserichtung eine höhere Ziffer vorausgeht. Zum Beispiel sind bei „21435“ die 2, 4 und 5 sichtbar, aber die 1 wird von der 2 und die 3 von der 4 verdeckt.

▼ Phantasievolle Abbildung eines möglichen Weltraum-Sonnenschirms.

	4		4		3	
						3
2						
				3		

KIPPPUNKTE

Der langsame, stetige Anstieg der Erdtemperatur als Folge der Erderwärmung ist Grund zu ernster Sorge. Doch was die Klimaforscher wirklich beunruhigt, ist die Aussicht, dass die komplexen Kreisläufe des globalen Ökosystems durch den Klimawandel über die kritischen Schwellenwerte steigen. Diese Schwellenwerte gelten als Kipppunkte, denn sie können den Klimawandel noch beschleunigen, oder haben ihn schon beschleunigt, und so Teufelskreise bilden, die nicht mehr umgedreht werden können.

Beispiele sind der Verlust großer Teile des Regenwalds, wobei der in ihm gespeicherte Kohlenstoff freigesetzt wird, die Freisetzung von Methan (ein noch stärkeres Treibhausgas als CO2), das im Permafrostboden oder unterseeischen Schlick eingeschlossen ist; und der Verlust der reflektierenden Eisdecke, die derzeit einen Großteil der einfallenden Sonnenstrahlung in den Weltraum zurücksendet, sodass diese nicht vom Meer oder Land absorbiert wird. Prähistorische Klimaaufzeichnungen zeigen Perioden, in denen das Erdklima gravierende Veränderungen innerhalb eines Jahrzehnts erfuhr, wohl genau wegen solcher Kipppunkte – zu schnell für die Menschheit, um sich ihnen anzupassen und sie abzuschwächen.

▼ Die schneebedeckten Berge der Antarktis werden hoffentlich so schnell nicht der Vergangenheit angehören.

7	5	1
1	8	1
8	2	8

RÄTSELANLEITUNG

Passe die Ziffern so an, dass sie das Quadrat in der Balance halten. Füge bei einigen Ziffern eine zusätzliche Stelle ein, sodass jede Zeile und jede Spalte 100 ergibt (z. B. kannst du aus einer 1 eine 21 machen, oder eine 17, wenn du eine 7 davorsetzt).

EISZEITEN

Europäische Geologen des frühen 19. Jahrhunderts fanden viele unerwartete Hinweise auf eine recht junge aber massive Veränderung der Landschaften: Dicke Lehm- und Kiesbetten; lange, parallele Felsritzen; Riesenfindlinge (große Felsblöcke fernab der entsprechenden Felsformation); urzeitliche Strände weit über dem Meeresspiegel. Zuvor hatten sie als Beweis für Sintfluten oder Ähnliches gegolten, doch diese Erklärungen reichten den neugierigen Wissenschaftlern nicht mehr.

Der Schweizer Botaniker und Geologe Louis Agassiz argumentierte, das Eis hierfür verantwortlich sei. Nur wenige zehntausend Jahre zuvor, so glaubte er, wäre Nordeuropa fast vollständig von dickem Eis überzogen gewesen. Gletscher hätten das Gestein abgetragen, große Felsbrocken über weite Entfernungen mit sich geführt und beim Schmelzen hätten sich Lehm- und Kiesschichten abgelagert. Vom Gewicht des Eises befreit, wären Landmassen angestiegen und hätten Küsten angehoben.

Wir wissen heute, dass die Erde mehrere Eiszeiten erlebte, aber nur selten auf Nord- und Südhalbkugel zugleich.

▼ Der Franz-Josef-Gletscher in Neuseeland.

RÄTSELANLEITUNG

Setze einzelne Felsblöcke in jedes markierte Gletschertal, sodass in jeder Zeile, jeder Spalte und jedem umrandeten Gebiet genau zwei Felsblöcke liegen. Diese Findlinge dürfen sich nicht berühren – auch nicht in der Diagonalen.

ERNEUERBARE ENERGIE

Erneuerbare Energie stammt aus Energiequellen, die ständig nachgefüllt werden, und nicht aus endlichen Quellen wie Kohle, Öl oder Gas. Bei fast allen erneuerbaren Energien liefert die Sonne die Energie. Auch Wasser- und Windkraft nutzen von der Sonnenenergie gesteuerte Kreisläufe (wie bei Wasser, das verdunstet und aufsteigt, sodass potenzielle Energie durch Wasserkrafträder oder Turbinen in mechanische Energie umgewandelt werden kann).

Eine der wenigen Ausnahmen ist die geothermische Energie, die sich auf den Zerfall radioaktiver Elemente in der Erde zurückführen lässt, oder auch die Gezeitenenergie, die durch den Einfluss der Mondgravitation entsteht. Wir Menschen müssen sämtliche Möglichkeiten der erneuerbaren Energien nutzen, um dem Klimawandel wirksam zu begegnen.

					3			
7			6				1	
3			2					
1				3		4		
			9		8			
		5		8				7
					9			2
	9				5			4
			4					

RÄTSELANLEITUNG

Fülle das Raster aus, das sich windet und sich so ständig wieder füllt. Schreibe die Ziffern 1 bis 9 in jede Zeile, jede Spalte und jedes fett umrandete Puzzleteil. Einige dieser fett umrandeten Puzzleteile „wickeln sich" um die Ränder des Puzzles und setzen sich im gegenüberliegenden Kästchen fort. So setzt sich zum Beispiel das graue Puzzleteil auf der ganz linken und ganz rechten Seite fort.

DIE REISE ZUM MITTELPUNKT DER ERDE

Die Erde können wir uns wie ein Schottisches Ei vorstellen (ein hartgekochtes Ei mit einem Hackfleischmantel, paniert und frittiert): Die dünne Kruste des Schottischen Eis ist hierbei die äußere Erdkruste. Darunter verbirgt sich eine Zwischenschicht, die sich bis etwa zur Mitte erstreckt. Beim Schottischen Ei entspricht dies der Fleischschicht; dieses Erdinnere besteht aus teilweise geschmolzenem Felsgestein, auch als Erdmantel bekannt.

Ein Schottisches Ei hat einen Kern aus zwei Schichten: das Eiweiß und darunter das Eigelb. Entsprechend hat die Erde einen zweischichtigen Kern, wobei sich geschmolzenes Eisen und Nickel um einen Kern aus festem Eisen und Nickel legen. Wenn du ein Loch von der Erdoberfläche zur Mitte bohren könntest, würde der Fall nach unten 19 Minuten dauern, vorausgesetzt, dass keine Luft im Schacht den Fall verlangsamt.

▼ Die Erde als Schottisches Ei. Dargestellt wird die Dicke jeder Schicht.

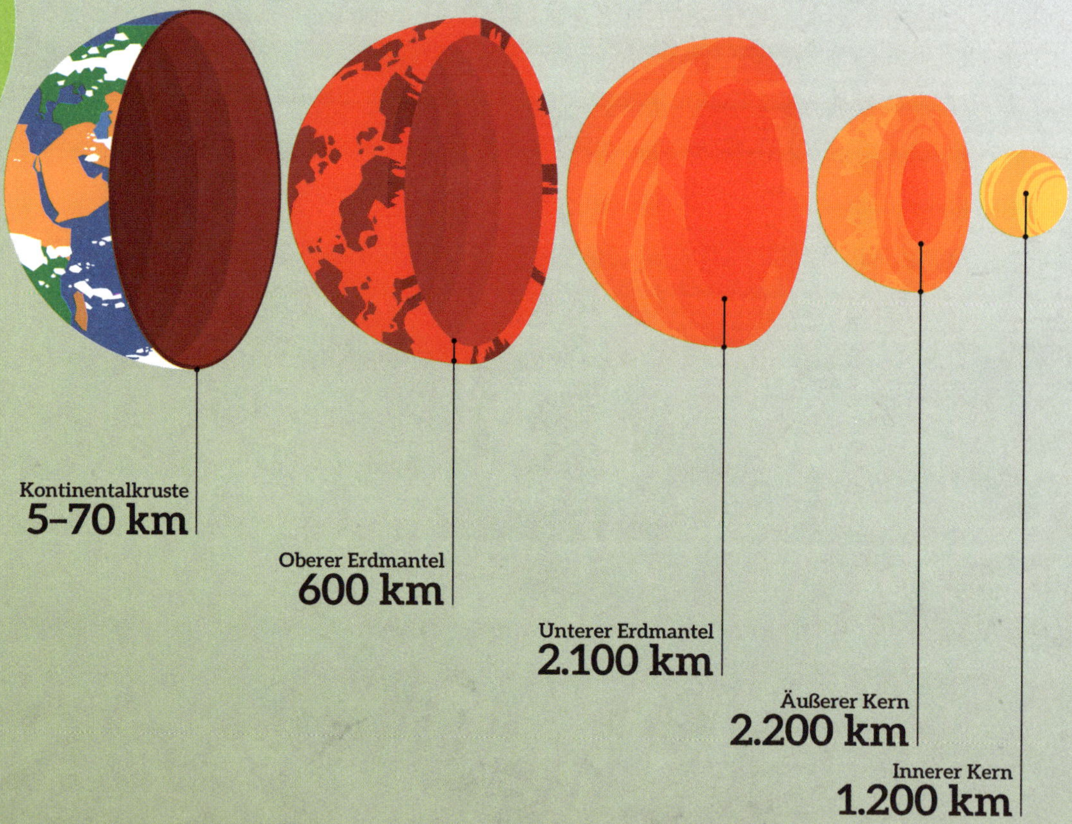

RÄTSELANLEITUNG

Reise zum Mittelpunkt der Labyrinth-Erde. Such dir den Weg vom Start oben bis zum Ziel in der Mitte.

HURRIKANS

Als Hurrikan bezeichnet man einen schweren Tropensturm, der im Nordatlantik und in der Karibik auftritt. Im Pazifik spricht man von einem tropischen Zyklon. Wie auch immer sie genannt werden, Wirbelstürme bilden sich, wenn warme Luft über dem Ozean viel Wasserdampf aufnimmt. Wenn die Luft aufsteigt, kondensiert der Dampf zu Wassertropfen und setzt Energie frei, die sogenannte Kondensationswärme.

Diese Energie treibt starke Winde an, die wiederum mehr Wärme und Dampf aus dem Ozean aufnehmen. So entsteht ein sich selbst verstärkender Prozess, der sich im Laufe der Zeit immer weiter aufbaut und eine gewaltige Kraft entwickelt. Innerhalb eines Tages kann ein Hurrikan eine Energie von 8.000 Megatonnen entwickeln (was der Kraft von 8 Milliarden Tonnen Sprengstoff entspricht). Das ist mehr als das gesamte weltweite Atomwaffenarsenal!

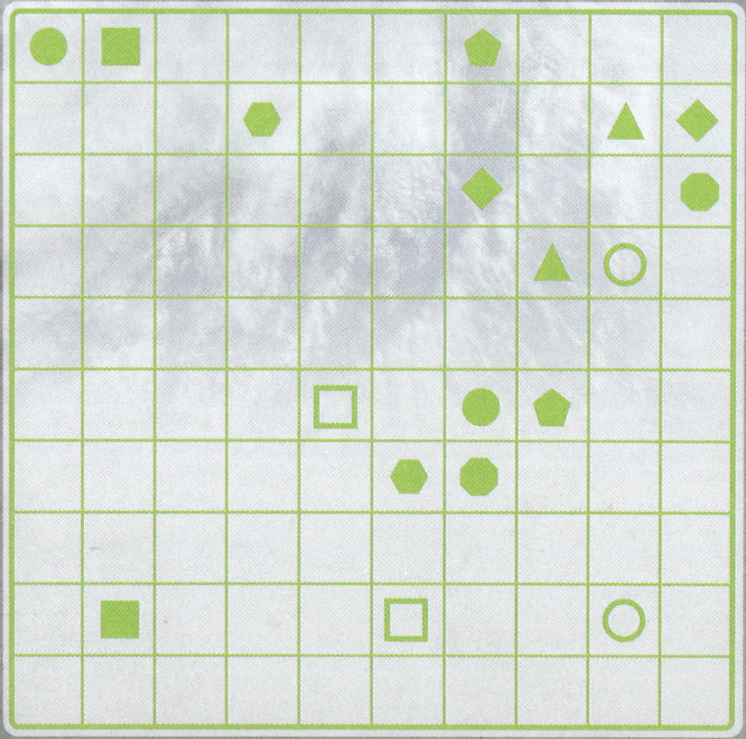

RÄTSELANLEITUNG

Berechne die Bahnen der einzelnen Hurrikans (jeweils durch eine Form dargestellt). Zeichne einzelne Bahnen, die jeweils zwei identische Hurrikans verbinden. Es darf nur eine Linie in jedes Kästchen eintreten und die Linien dürfen nur waagerecht oder senkrecht zwischen den Kästchenmitten verlaufen.

HEISS UND FEUCHT

RÄTSELANLEITUNG

Fülle die Thermometer mithilfe der Hinweise aus. Male die angegebene Anzahl Kästchen in jeder Zeile und Spalte aus, entsprechend der Ziffern an ihrem jeweiligen Ende. Die Thermometer müssen lückenlos ausgemalt werden, ausgehend vom Behälter am Ende.

Hitzewellen können tödlich sein und bei uns Menschen sind bereits geringe Temperaturabweichungen – etwa zwischen 37 und 40 °C – tödlich. Doch wir können auch außergewöhnliche Temperaturen überleben und unter extremen Bedingungen körperliche Ausdauerleistungen vollbringen. So nehmen jedes Jahr einige mutige (oder tollkühne) Seelen am Marathon des Sables teil, einem sechstägigen Marathon in der Sahara bei Temperaturen von über 50 °C.

Dies ist möglich, weil unser Körper durch Wasserverdunstung Hitze verliert. Das passiert, wenn wir schwitzen, vor allem aber über die Atmung, wobei Wasser von der Lungenwand beim Ausatmen verdunstet. Solange die eingeatmete Luft trocken ist, ist es egal, wie heiß sie ist. Problematisch wird es erst, wenn die Luft feucht und warm ist. Dann können wir die Hitze nicht mehr durch Verdunstung abführen. Glücklicherweise kann das derzeit an keinem Punkt der Erde passieren. Doch die Erderwärmung wird in den nächsten Jahrzehnten tödliche Hitzewellen in den heißesten Regionen der Erde wie dem Arabischen Golf oder den Küsten des Indischen Ozeans auslösen. Wenn das eintritt, wird jeder, der heißer feuchter Luft ausgesetzt wird, innerhalb von 20 Minuten an Überhitzung sterben!

▼ Teilnehmer am Marathon des Sables 2018 auf ihrem langsamen Weg durch die Wüste.

DER FALL ZUR ERDE

2014 sprang der Computerforscher Alan Eustace aus 41,4 km Höhe mit dem Fallschirm zur Erde – der höchste Fallschirmsprung aller Zeiten. Eustace sprang fast vom oberen Stratosphärenrand, mehr als doppelt so hoch wie die frühere Flughöhe der Concorde und mehr als viermal so hoch wie die Spitze des Mount Everest! Doch damit war er nicht einmal auf halber Strecke zum Rand der Atmosphäre.

Die Erdatmosphäre erstreckt sich bis zu einer Höhe von 100 km, wo die Kármán-Linie die gedachte Grenze zum Weltall markiert. Die oberste Schicht heißt Thermosphäre, der sich die Mesosphäre anschließt. Diese reicht bis zur Stratopause. Dort beginnt die Stratosphäre, die bis zur Tropopause verläuft, der Grenze der Troposphäre, die in einer Höhe von 12 km liegt. In dieser untersten Schicht findet sich 80 Prozent der Masse der Atmosphäre und hier bildet sich auch unser Wetter.

▼ Die wichtige Ozonschicht liegt in der Stratosphäre und die Thermopause markiert den äußeren Rand der Erdatmosphäre.

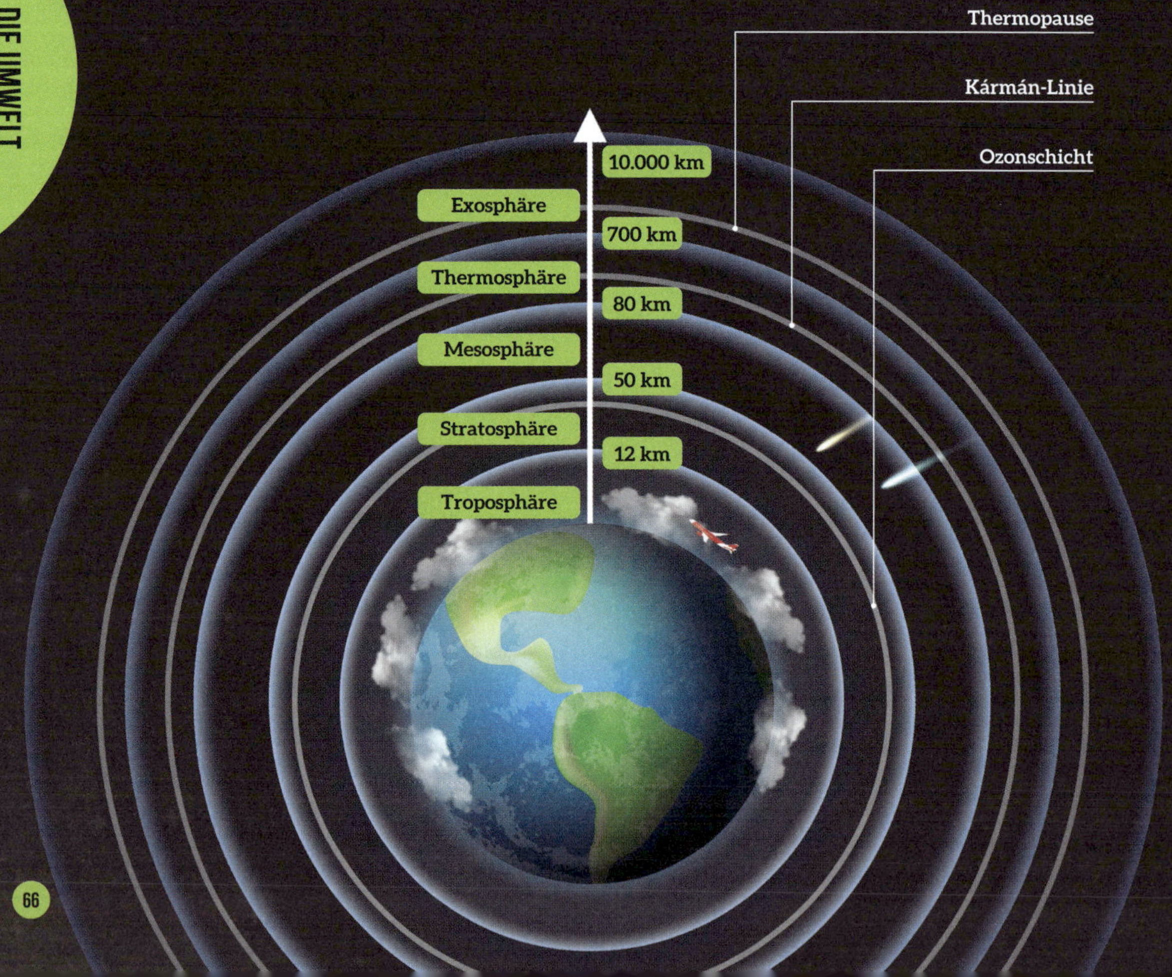

RÄTSELANLEITUNG

Welches Bild ist zu sehen, wenn du dieses Nonogramm löst? Male Kästchen aus, indem du den Vorgaben am Beginn jeder Zeile oder Spalte folgst. Sie geben an, wie viele Zellen in Leserichtung zusammenhängend ausgemalt werden müssen. Es soll eine Lücke von mindestens einem Kästchen zwischen jeder Abfolge ausgemalter Kästchen in derselben Zeile oder Spalte bleiben.

	4 10	3 1 9	2 2 9	1 3 8	4 1 6	5 4 2	3 2	2 5	3 2	5 4 2	4 1 7	1 3 1 7	2 2 9	3 1 10	4 10
4, 4															
3, 3															
2, 2															
1, 1															
0															
5															
13															
5, 5															
1, 3, 3, 1															
2, 2, 2, 2															
3, 3															
5, 5															
4, 3															
4, 1, 6															
6, 6															
6, 1, 6															
6, 1, 6															
5, 1, 5															
12															
8															

WALDBRANDSAISON

Apokalyptische Buschbrände haben in den vergangenen Jahren an weit voneinander entfernten Orten wie Australien, Sibirien und Kalifornien ganze Landstriche verwüstet. Diese Regionen haben schon seit Jahrtausenden Buschbrände erlebt, und Pflanzen, Tiere und Einheimische haben gelernt, damit umzugehen und sich weiterzuentwickeln. Doch die Feuer werden schlimmer und häufiger – sechs der zehn schlimmsten Brände in der Geschichte Kaliforniens sind seit 2017 aufgetreten. Die globale Erwärmung trägt ganz offenkundig dazu bei, und zwar auf mehr Arten als gedacht.

Die Trockenperioden werden nicht nur wärmer und trockener, sondern intensivere Feuchtperioden – Folge von mehr Energie in der Atmosphäre – lassen junge, niedrige Büsche und Bäume rasch wachsen. Doch diese sterben schnell ab, vertrocknen und bilden das perfekte Brennmaterial für Buschbrände. Die Probleme werden durch die Bewirtschaftung der Wildnis weiter verschärft. So wurden über Jahrzehnte natürliche Feuer unterdrückt, um die vordringende Besiedlung zu schützen, und auch die Forstwirtschaft handelte gegen die Natur: Alte Bäume wurden gefällt und ein dichteres junges Grün gefördert.

Wollen wir diesen Kreislauf der immer schlimmer werdenden jährlichen Feuer unterbrechen, so müssen wir die Bewirtschaftung unserer Wald- und Forstgebiete neu denken und gleichzeitig die langfristigen Probleme durch die globale Erwärmung angehen.

RÄTSELANLEITUNG

Stoppe rechtzeitig das Feuer. Verbinde alle Punkte zu einer einzigen Brandschneise. Die Linie darf sich nirgends berühren oder kreuzen. Es sind nur waagerechte und senkrechte Linien erlaubt. Einige Teile der Linie sind schon vorgegeben.

▼ Ein schwelender Buschbrand im australischen Outback

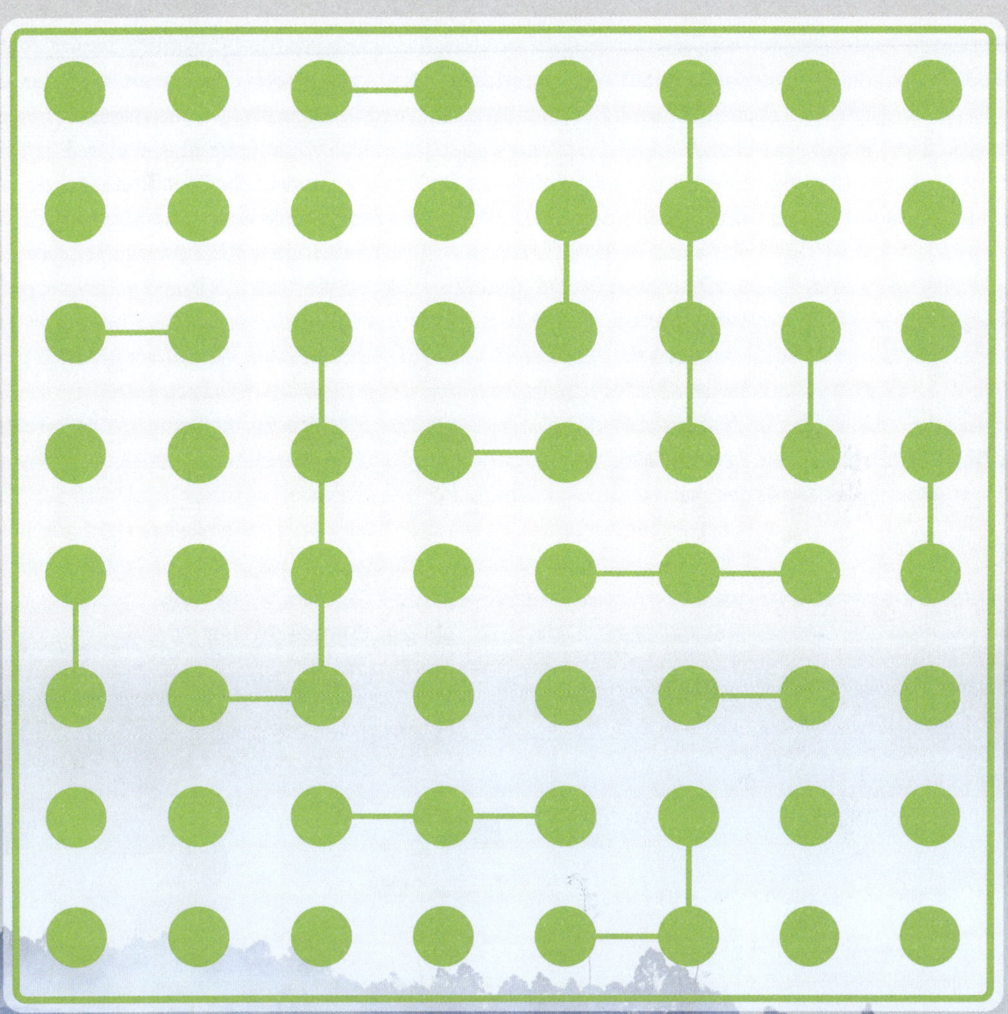

ERDBEBEN-VORHERSAGEN

Seit Jahrtausenden versuchen Wissenschaftler, Erdbeben zu erforschen. Der Dichter und Ingenieur Zhang Heng (78–139 v. Chr.) – der „chinesische Leonardo da Vinci“ des 2. Jh. v. Ch., ist vor allem für seinen *houfeng didong yi* berühmt. Dies war ein hochentwickeltes Seismoskop (ein Erdbeben-Erkennungsinstrument), bei dem Kugeln, durch Bebenwellen in Bewegung gesetzt, aus einem Gefäß durch das Maul eines bronzenen Drachens in das Maul einer bronzenen Kröte rollten. Auf diese Weise zeigten sie die Richtung des Bebenepizentrums an.

Trotz dieser langen Geschichte gelingt es der Wissenschaft bis heute nicht, Erdbeben vorherzusagen, da zu viele komplexe Faktoren eine Rolle spielen. Eine brauchbare Vorhersage muss Datum und Zeit des Bebens, aber auch Ort und Stärke bestimmen. Selbst die modernsten maschinellen Lernalgorithmen können keine exakten Vorhersagen treffen, und es liegt in der Natur von Erdbeben, dass Vorhersagen nicht möglich sind. Wie sagt der Geologische Dienst der USA: „Wir wissen nicht, wie [wir Erdbeben vorhersagen sollen] und werden es auch in näherer Zukunft nicht können.“

RÄTSELANLEITUNG

Berechne die Richtung jedes Erdbebens anhand seiner Stärke. Zeichne ausgehend von jedem nummerierten Kästchen eine oder mehrere waagerechte oder senkrechte Linien. Linien können nicht durch nummerierte Kästchen oder Kästchen mit anderen Linien laufen. Jede Ziffer gibt an, durch wie viele Kästchen die Linie geht; die nummerierten Kästchen selbst werden nicht mitgezählt. Zu allen Kästchen muss eine Linie laufen. Jede Linie kann nur mit einer Ziffer verbunden sein.

					8		
			5				
	6						
3				4			
			4				4
						6	
				5			
		9					

MEGA-TSUNAMIS

Tsunamis sind Riesenwellen, die durch Erdbeben unter oder am Wasser ausgelöst werden. Bereits normale Tsunamis sind beängstigend und zerstörerisch, wie der Tsunami vom 2. Weihnachtstag 2004 und der Tohoku-Tsunami 2011 gezeigt haben, doch Fossilienfunde an einigen Küsten der Welt beweisen das Auftreten weitaus größerer Wellen, sogenannte Mega-Tsunamis.

Diese werden wahrscheinlich durch gewaltige Erdrutsche in flachen Gewässern oder an Berghängen verursacht, die Wasser auf gleiche Weise verdrängen, wie ein großer Felsbrocken, der in eine Badewanne geworfen wird und diese überlaufen lässt. Forscher befürchten, dass sich ein solches Ereignis wiederholen könnte. Ein Szenario für ein solches Unglück könnte der Einsturz des Vulkans Cumbre Vieja auf La Palma auf den Kanaren sein. Sollte dessen Bergflanke ins Meer rutschen, könnte sie einen 100 Meter hohen Tsunami in direkter Nähe auslösen. Die Welle würde in der Geschwindigkeit eines Jumbojets über den Atlantik rollen und wäre noch 19 Meter hoch, wenn sie in Brasilien auf Land träfe, während sich an Teilen der nordamerikanischen Küste monströse 50 Meter auftürmten!

RÄTSELANLEITUNG

In diesem Rätsel breitet sich die Wirkung jeder Ziffer wellenartig aus. Schreibe eine Ziffer in jedes leere Kästchen, sodass in den fett umrandeten Bereichen alle Zahlen von 1 bis zur entsprechenden Kästchenzahl enthalten sind. Gleiche Ziffern in einer Zeile oder Spalte müssen durch mindestens so viele Kästchen entsprechend dieser Zahl getrennt sein. So müssen zum Beispiel zwischen einem Paar von 3en mindestens drei andere Kästchen liegen.

						1	
4		3		1			3
			1				
				1		1	
1	2				1		
		2				5	
	4		1				
			2			2	

DER NÄCHSTE SUPERVULKAN

Etwa 71.500 v. Chr. explodierte der Vulkan Toba im nördlichen Sumatra beim wohl größten Vulkanausbruch der Menschheit. Tausende von Kubikmetern Gestein und Asche wurden in die Atmosphäre geschleudert, zusammen mit Milliarden Tonnen Schwefel, durch die sich Aerosole bildeten, die 99 Prozent des Sonnenlichts blockierten. Dies stürzte die Erde in einen lang anhaltenden vulkanischen Winter.

Die in unserer DNA zu findenden Hinweise zeigen, dass die Menschheit durch dieses Ereignis fast ausgelöscht worden wäre und dass für 20.000 Jahre nur einige Tausend Menschen auf der Erde lebten. Noch größere Vulkanausbrüche, auch Flutbasalt-Eruptionen genannt, haben in der Erdgeschichte immer wieder stattgefunden; sie waren vermutlich teilweise für die Massensterben vor 65 Millionen und vor 250 Millionen Jahren verantwortlich.

Wären solche Ausbrüche auch heute möglich? Wir wissen, dass sich unter der Erdoberfläche im Yellowstone-Nationalpark in den USA und unter den Phlegräischen Feldern in Süditalien große Magmablasen befinden. In Yellowstone hat bisher etwa alle 650.000 Jahre ein Super-Vulkanausbruch stattgefunden – und seit dem letzten Ausbruch sind 650.000 Jahre vergangen …

▼ Ein beeindruckender Geysir im Yellowstone-Nationalpark.

	3								2	8
5										
4								●		
1										
5										
				●						
7										

RÄTSELANLEITUNG

Folge dem pyroklastischen Strom dieses Ausbruchs. Male einige Kästchen aus, sodass sie einen Lavastrom bilden, der an den vorgegebenen Kästchen beginnt und endet. Der Lavastrom besteht aus einem ein Kästchen breiten, zusammenhängenden Pfad, der sich nicht verzweigt oder kreuzt. Der Lavastrom berührt sich nicht, nicht einmal diagonal, außer wenn er eine Kurve macht. Die Ziffern außerhalb des Rasters geben die Anzahl der Kästchen in der Reihe oder Spalte an, die vom Lavastrom bedeckt werden.

DAS UMWELT-QUIZ

1) An welchem Pol befindet sich die Antarktis?

2) Welches Naturphänomen ist als Twister bekannt?

3) Was ist der größte Kontinent?

4) Was ist von der Abflussmenge her der größte Fluss der Welt?

5) Der Amazonas-Regenwald erstreckt sich über neun Länder, darunter Brasilien, Surinam, Peru, Guyana und Französisch-Guyana. Kennst du die anderen vier Länder?

6) Wie nennt man die Reise des Wassers vom Land zum Fluss und zum Meer und wieder zurück durch Verdunstung, Wolkenbildung und Niederschlag?

7) Wie heißen nach offizieller Aufteilung die fünf Ozeane?

8) In welcher Schicht der Atmosphäre leben wir Menschen?

9) Welche Energiequelle wird in einem Geothermiekraftwerk angezapft?

10) In welche Richtung dreht sich ein Hurrikan?

11) Wie heißt die Schicht unter der Erdkruste?

12) Was ist der niedrigste Punkt auf der Erdoberfläche?

13) Was ist das stärkste Treibhausgas?

a) Kohlendioxid ☐

b) Methan ☐

c) Distickstoffmonoxid ☐

14) Ein Erdbeben der Stärke 6 auf der Richter-Skala ist um wievielmal stärker als eines der Stärke 5?

15) Wie nennt man die globale Abkühlung, die nach einem heftigen Vulkanausbruch auftreten kann?

16) Was ist das Gegenteil einer Nippflut?

17) Wie heißen die Perioden zwischen Eiszeiten?

a) Interpluvialzeiten ☐

b) Warmzeiten ☐

c) Interglaziale ☐

18) Wie heißt die Skala zur Bestimmung der Einschlagsgefahr von Asteroiden und Kometen?

a) Milano-Skala ☐

b) Torino-Skala ☐

c) Firenze-Skala ☐

19) Wie viele Bäume gibt es ungefähr auf der Welt?

a) 300 Millionen ☐

b) 3 Milliarden ☐

c) 3 Billionen ☐

20) Wie heißt der Klima-Kreislauf im Pazifik, der Einfluss auf das globale Wettergeschehen hat und alle paar Jahre auftritt?

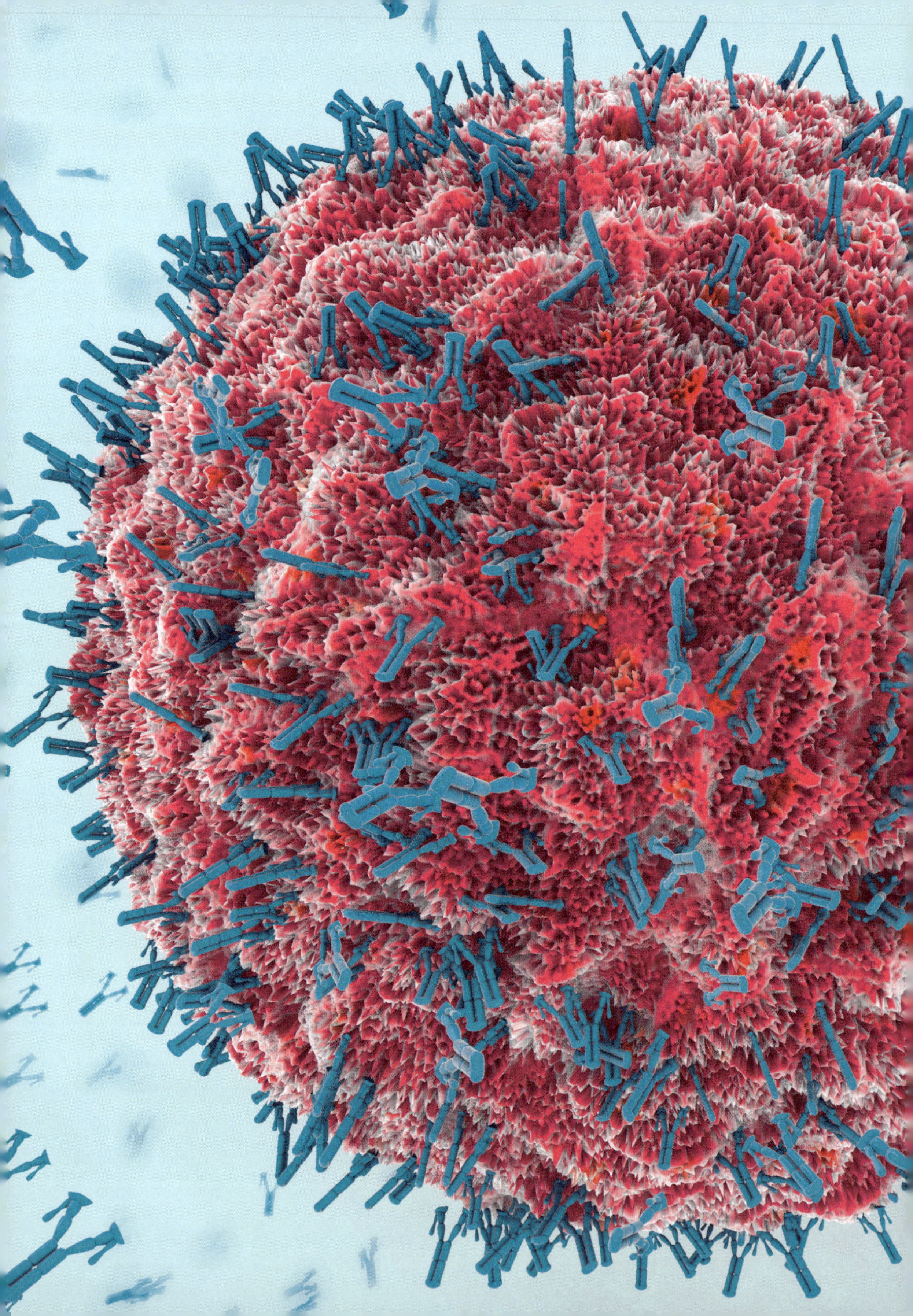

GESUNDHEIT

Keime, Viren oder Bakterien waren bis ins 19. Jahrhundert nahezu unbekannt. In den letzten 150 Jahren hat sich viel getan – zumindest, wenn du in einem Land mit gutem Gesundheitssystem lebst. So kannst du bei einem Krankenhausbesuch erwarten, gesund und mit intakten Gliedmaßen nach Hause zu gehen. Das war in der Geschichte der Menschheit *keine* Selbstverständlichkeit. Die jüngsten Ereignisse zeigen, dass wir stetig weiterlernen müssen, damit die Weltbevölkerung gesund und glücklich bleibt.

SYNTHETISCHE DNA

DNA ist das genetische Material, das die Blaupause für jeden Organismus speichert. Im 20. Jahrhundert haben Biologen die DNA entschlüsselt und konnten so Genome (die vollständige DNA-Sequenz) von einfachen Organismen lesen. Wir können heute ohne große Mühe DNA sequenzieren, doch nun sucht die Wissenschaft nach dem einfachsten Genom. Wenn sie das für das Leben nötige Minimal-Genom bestimmen könnten, gelänge ihnen vielleicht, ihre eigene Version zu schreiben: ein neues Kapitel im Buch des Lebens.

Das Team unter Führung des kontroversen US- Genetikers Craig Venter hat dies versucht und ein einfaches, vollständiges Genom aus synthetischer DNA nachgebaut und es in eine biologische Hülle eingesetzt. Der neue Organismus wurde JCVI-syn 3.0 genannt, oder „Synthia", und war eine lebende, vollsynthetische Mikrobe.

RÄTSELANLEITUNG

Schreibe die vier Buchstaben nicht synthetischer DNA – A (Adenin), G (Guanin), C (Cytosin) und T (Thymin) – in das Raster. A, C, G und T müssen in jeder Zeile und Spalte jeweils einmal auftauchen. Das bedeutet, dass in jeder Reihe und Spalte ein Kästchen leer bleibt. Jeder Buchstabe außerhalb des Rasters muss dem nächststehenden Buchstaben in derselben Zeile/Spalte entsprechen. Buchstaben dürfen sich keine Kästchen teilen.

	T	A			C	
						G
A						C
C						
						A
C						
				C	G	

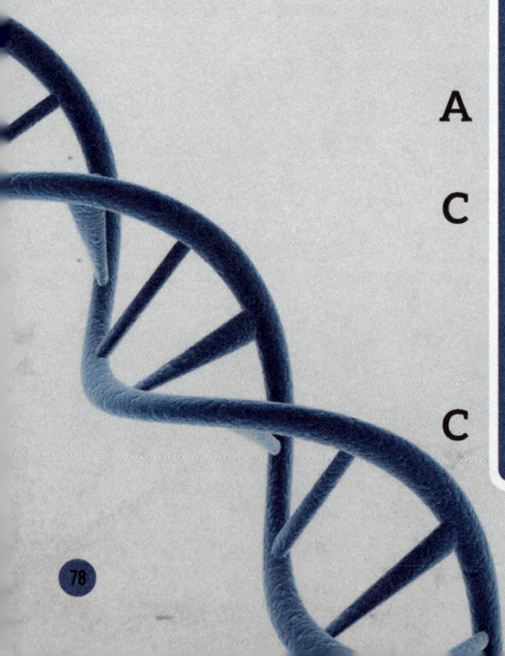

▶ Eine künstlerische Visualisierung der DNA-Struktur.

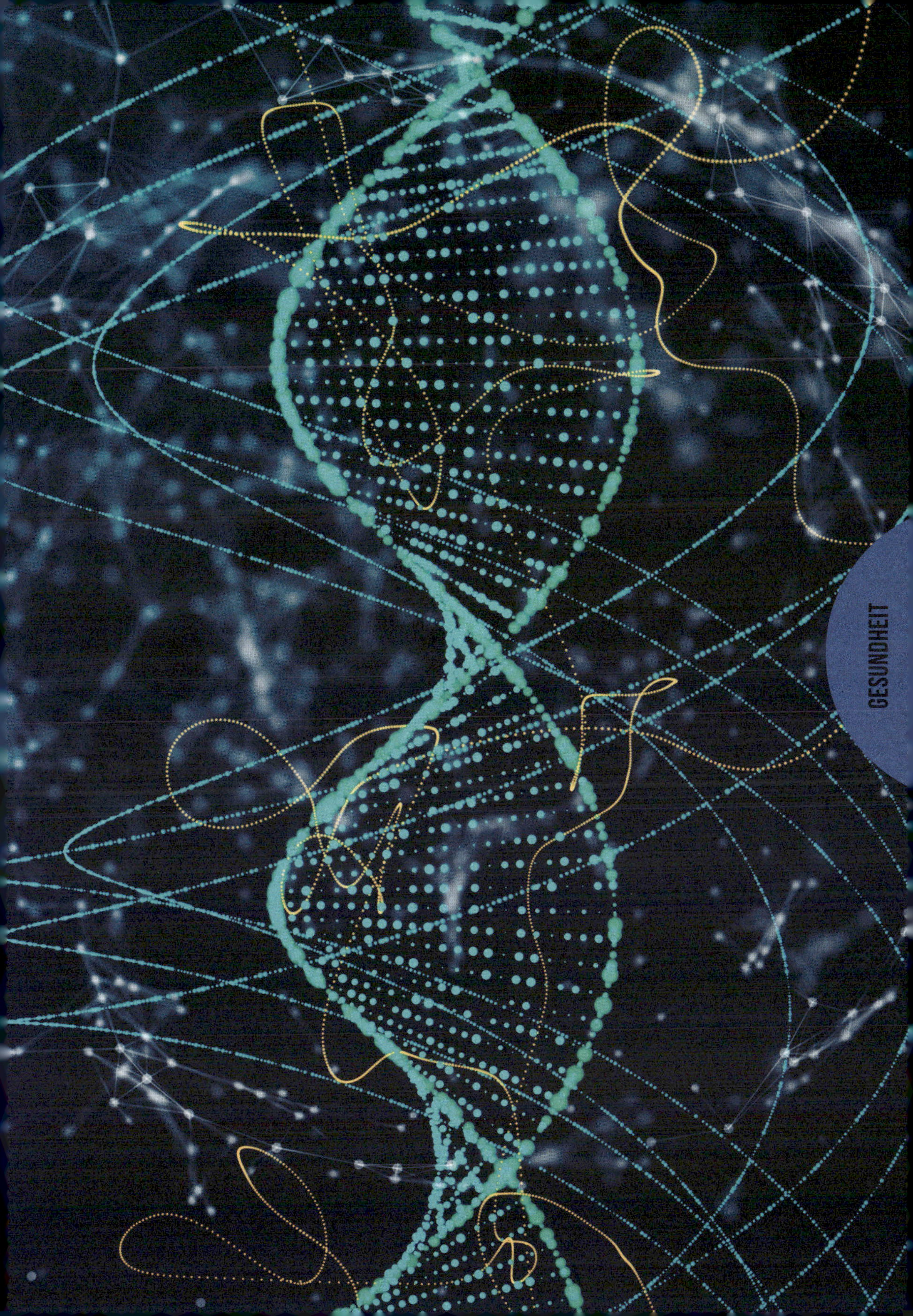

BIONISCHE PROTHESEN

Das Wort „Bionik“ setzt sich zusammen aus „Biologie“ und „Technik“ und bezieht sich auf die Verbindung von Technik mit biologischen Systemen. In der Medizin wird die Bionik eingesetzt, um Nachbildungen von Organen und Gliedmaßen zu bauen, die genauso – oder besser – funktionieren wie ihre biologischen Vorbilder, und die vom Körper selbst gesteuert werden.

Eigentliches Ziel soll sein, ein elektromechanisches Gliedmaß wie einen Arm oder ein Bein am Körper zu befestigen, das auf vom Gehirn des Benutzers ausgesendete Nervensignale reagiert. Beispiele für moderne bionische Prothesen sind gedankengesteuerte Roboterarme sowie Cochlea- und Netzhautimplantate.

▼ Heute noch Science-Fiction, aber nicht mehr lange!

RÄTSELANLEITUNG

Ordne die „Prothese“ der Person zu, die sie braucht. Zeichne eine Reihe einzelner Wege, die immer ein gleiches Ziffernpaar verbindet. Es kann nur ein Weg in jedes Kästchen führen. Wege zwischen den Kästchen verlaufen nur waagerecht oder senkrecht.

1	2	3	4								
											4
		5		6				6			
7								5	8		
				1	8					2	
9											
10								10			
											3
	11								11		
										9	7

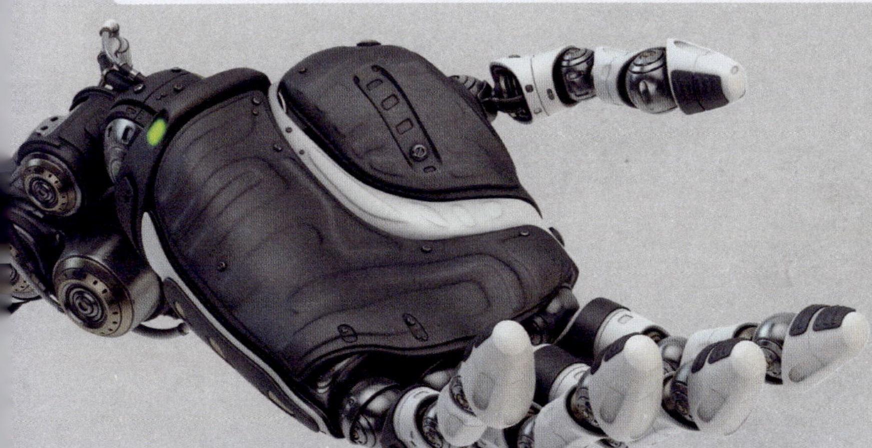

DIE CRISPR-GEN-SCHERE

Gentechniker können seit den 1970er-Jahren in bestehende Genome neue DNA-Abschnitte einsetzen, doch bis vor kurzem war dieses Verfahren schwierig, ineffizient und ungenau. Mit der Entdeckung des bakteriellen Virenschutzsystems, auch als CRISPR/Cas-System bekannt, gibt es nun ein wirksames Werkzeug für eine effektivere Gentechnik. Falls die Frage in einem Pub-Quiz gestellt wird: CRISP steht für „clustered regularly interspaced short palindromic repeats" und Cas für „CRISPR-associated enzyme".

In der Natur nutzen Bakterien das Cas9-Enzym, um die DNA eindringender Viren anzugreifen. Erst seit kurzem können Wissenschaftler CRISPR-cas9 so umprogrammieren, dass es neu vorgegebene Ziele ins Visier nimmt. So wird die DNA punktuell editiert und Erbkankheiten lassen sich so wirksam behandeln. Die CRISPR-Technik läutet den Beginn einer neuen Ära wirksamer Gentechnik ein.

RÄTSELANLEITUNG

„Schneide" die Figur in vier identisch geformte Teile. Zeichne an der gestrichelten Rasterlinie entlang, um die bestehende Form in vier Abschnitte zu teilen. Die Abschnitte müssen identisch sein, allerdings dürfen sie im Verhältnis zueinander gedreht (aber nicht gespiegelt) werden.

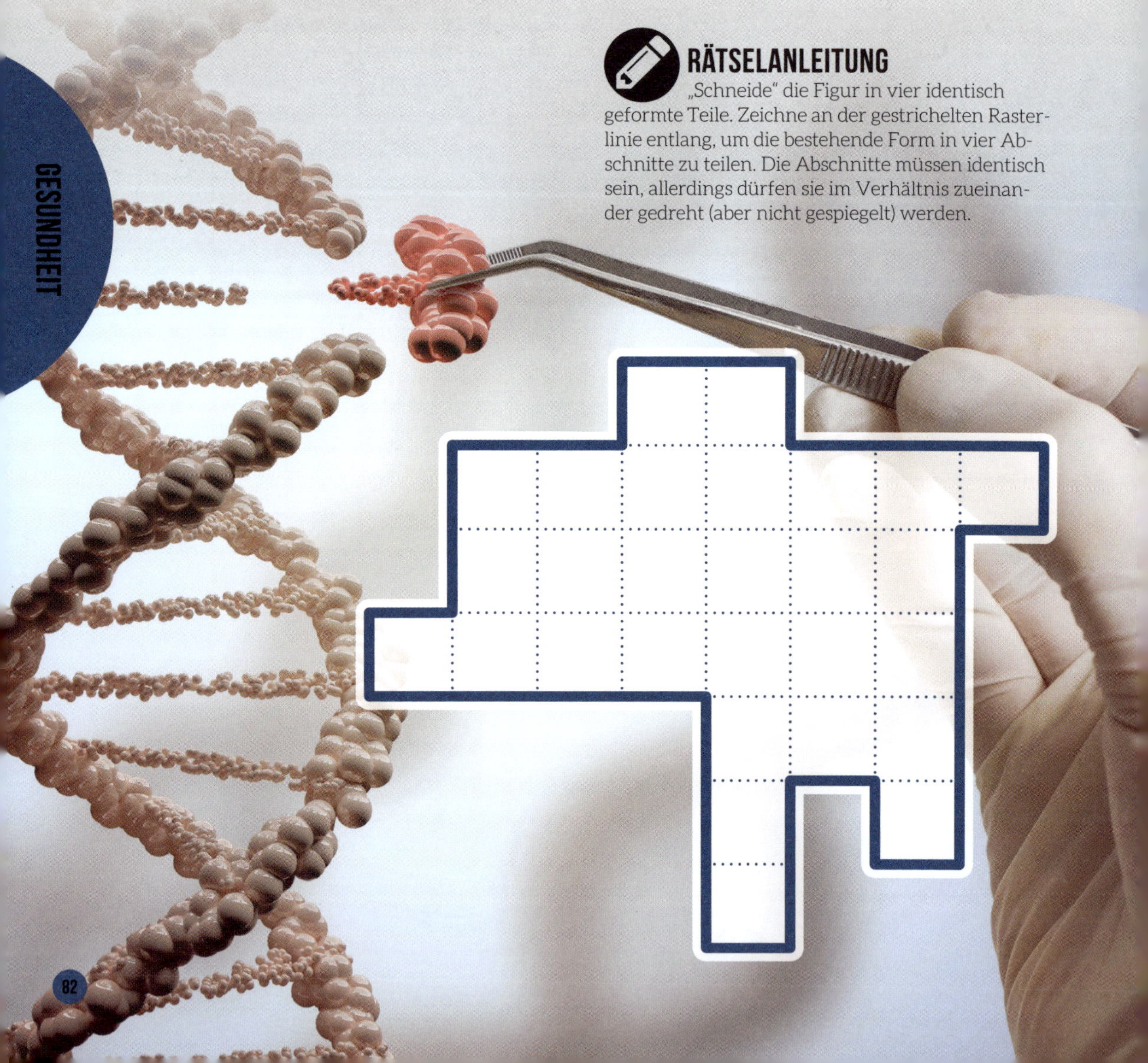

ANTIKÖRPER UND DAS IMMUNSYSTEM

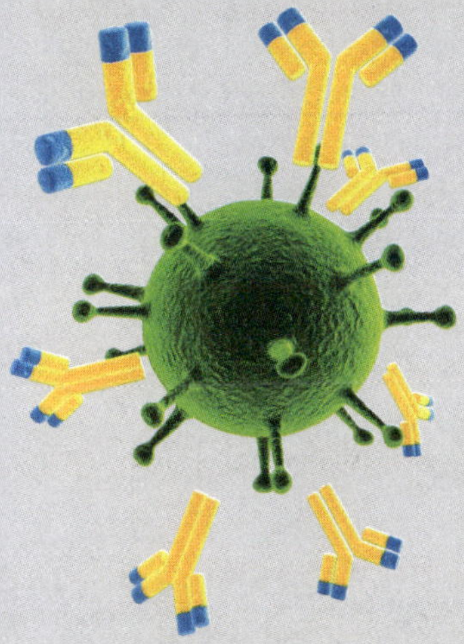

▲ Darstellung Y-förmiger Antikörper, die die „Arme" eines eindringenden Virus angreifen.

Unser Körper gleicht einem Schlachtfeld. Ständig wird er von Krankheitserregern – schädlichen Organismen und Substanzen – angegriffen, doch er schlägt mit dem Arsenal des Immunsystems zurück. Als Waffen werden sowohl passive Schutzwälle wie unsere Haut als auch aktive Jäger wie weiße Blutkörperchen eingesetzt.

Diese Zellen nutzen spezielle Proteine, sogenannte Antikörper, um Erreger zu identifizieren, zu markieren und einzusperren. Antikörper sind Y-förmige Moleküle, mit Bindestellen am Ende jedes Arms. Spezielle Antikörper können das Äußere bestimmter Erreger angreifen – sie sind so konstruiert, dass sie sich den Molekülen perfekt anpassen – und weiße Blutkörperchen produzieren eine unendliche Menge verschiedener Antikörper, um auch bisher unbekannte Erreger zu erkennen. Wenn ein Antikörper mit dem Zielerreger in Kontakt kommt, wird eine Kette von Prozessen in Gang gesetzt: Der Antikörper wird im gesamten Immunsystem mit Hochdruck produziert und im „Gedächtnis" abgespeichert, um beim nächsten Mal gerüstet zu sein.

RÄTSELANLEITUNG

Teile das Gitter in eine Reihe rotationssymmetrischer Fresszellen auf, die jeweils genau in ihrer Mitte ein Bakterium verschlingen. Zeichne entlang der Gitterlinien, um das Gitter in eine Reihe von Bereichen aufzuteilen. Jeder Bereich muss genau einen Punkt enthalten, und er muss so symmetrisch sein, dass er bei einer Drehung um 180 ° um den Kreis genau gleich aussehen würde. Ein Bereich ist bereits markiert, um zu zeigen, wie es funktioniert.

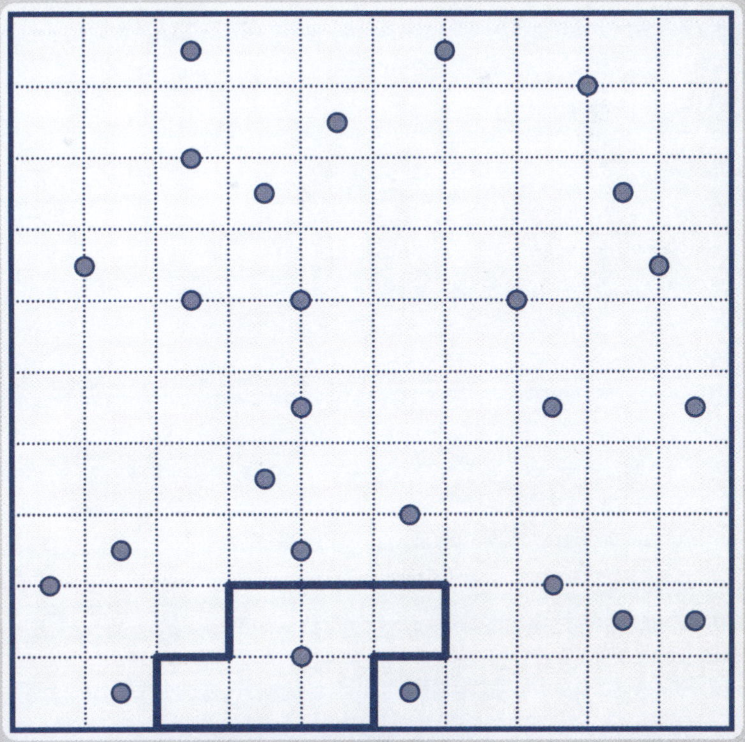

HERDENIMMUNITÄT

Irrmeinungen von Impfgegnern haben bei vielen Krankheiten in vielen Teilen der Welt zu einem beunruhigenden Rückgang der Impfquote geführt. Aber warum ist das gefährlich für die Gesundheit aller Menschen? Weil Impfungen uns vor allem durch die sogenannte Herdenimmunität schützen.

Krankheitserreger – wie etwa Masern-Keime – sind nur für eine begrenzte Zeit ansteckend. Nach einer Weile stirbt die erkrankte Person oder erholt sich und ihr Körper bekämpft die Infektion. Wenn es innerhalb der Bevölkerung genug potenzielle Wirte für den Keim gibt, wird er unendlich zirkulieren und sich ausbreiten, und zieht zu neuen Wirten, noch bevor er sich bei einem anderen verabschiedet hat.

Doch wenn ein ausreichend großer Teil der Bevölkerung – also die Herde – immun gegen die Krankheit ist, dann sieht es schlecht für den Keim aus, da er nicht mehr genügend Wirte findet.

PRINZIP DER HERDENIMMUNITÄT

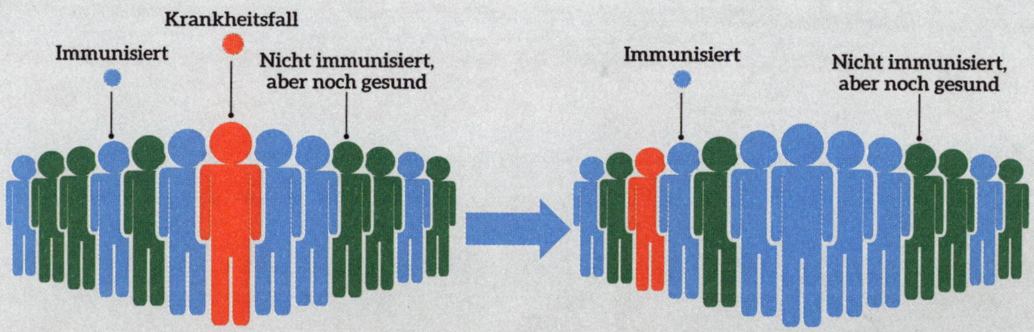

NICHT IMMUNISIERTE BEVÖLKERUNG

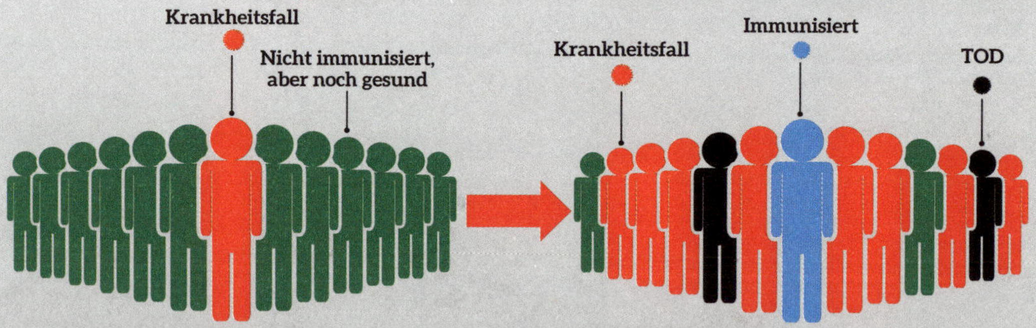

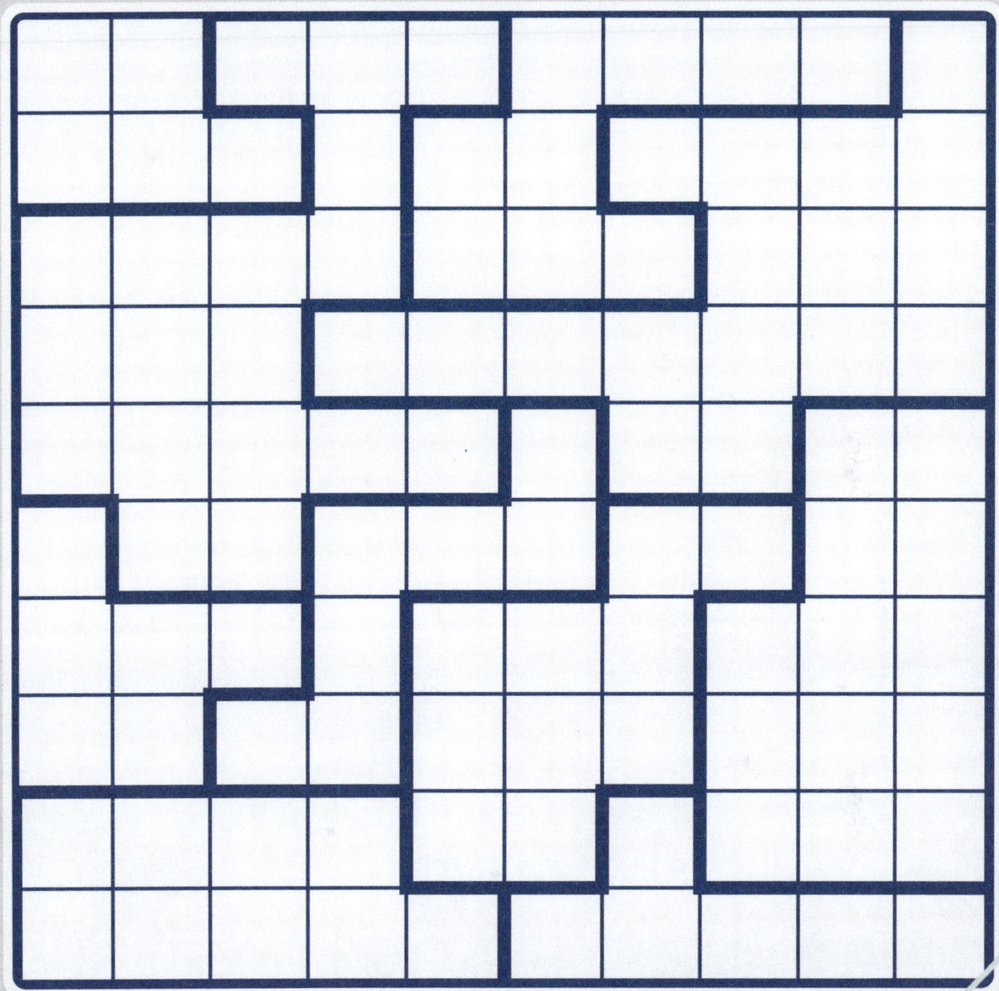

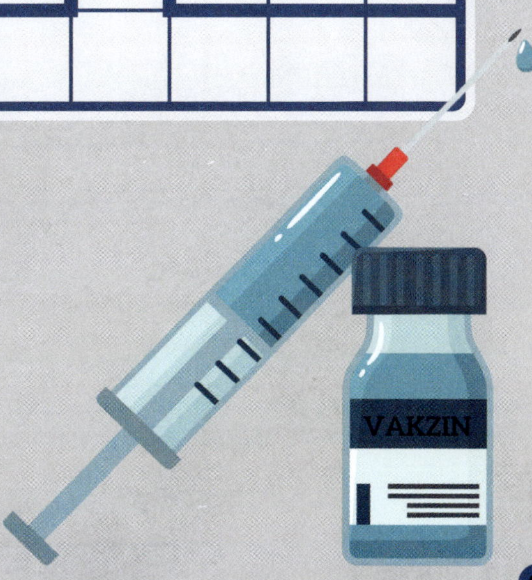

RÄTSELANLEITUNG

Isoliere die Ungeimpften, sodass sich nur noch zwei in jedem Feld befinden, und sie nicht durch Berührung die Krankheit verbreiten. Setze die Personen so in die Kästchen, dass sich in jeder Zeile, in jeder Spalte und in jedem umrandeten Bereich genau zwei Personen befinden. Sie sollen sich nicht berühren – auch nicht diagonal.

DIE SCHRECKLICHSTEN KRANKHEITEN DER MENSCHHEIT

Schon vor der Covid-19-Pandemie zeigten Menschen eine morbide Faszination für die abscheulichsten und entsetzliche Krankheiten. Ganz oben auf ihrer Liste standen Horror-Krankheiten wie Ebola und andere hämorrhagische Fieber. Sie sind alle höchst ansteckend, mit hohen Sterblichkeitsraten und verursachen schreckliche und schmerzhafte Symptome, wie Blutungen aus Körperöffnungen. Ein anderer furchtbarer Kandidat ist die *nekrotisierende Fasziitis*, eine bakterielle Infektionskrankheit, auch als „fleischfressende Krankheit" bekannt. Sie breitet sich schockierend schnell aus und führt zu schrecklichen Läsionen.

Doch vieles spricht dafür, dass die weltweit schlimmsten Krankheiten jene sind, die am häufigsten und am weitesten verbreitet sind, und somit in Summe das größte Elend verursachen. Auch wenn Malaria selten tödlich ist, so kostet sie die afrikanische Wirtschaft durch Produktionsausfälle 12 Milliarden Dollar im Jahr. Noch schlimmer ist, dass der einfach zu behandelnde und vermeidbare Durchfall jeden Tag 1.295 Kinder tötet – mehr als AIDS, Malaria und Masern zusammen!

RÄTSELANLEITUNG

Verfolge den Weg der Krankheit von jedem Haus im Dorf nach. Zeichne mittig durch alle weißen Kästchen eine waagerechte oder senkrechte Linie hindurch. Die Länge aller durchgezogenen Linien, die jedes blaue Quadrat berühren, soll der Ziffer in diesem Quadrat entsprechen. Als Länge einer Linie gilt die Anzahl an Quadraten, durch die sie läuft.

		3		5				
	7				1			1
			1				4	
3				6				
		1				7		
				5				3
	8				3			
1			2				3	
				5		6		

TODESKARTE

Ein entscheidender Meilenstein in der öffentlichen Gesundheit und Medizin war die von Dr. John Snow 1854 entworfene Todeskarte. Sie zeigte den Londoner Bezirk Soho mit den Wohnorten der durch einen Cholera-Ausbruch verstorbenen Bewohner. Damals verheerten Cholera-Ausbrüche die rasch wachsenden und industrialisierten Städte Europas, doch wenig war über Krankheitsursachen bekannt.

Snows Karte zeigte, dass die Fälle des jüngsten Cholera-Ausbruchs sich auf eine einzige öffentliche Wasserpumpe zurückführen ließen und daher ein durch Wasser übertragener Infektionserreger schuld daran war. Die Erkenntnis, dass mit Abwässern verunreinigtes Trinkwasser wahrscheinlich die Krankheitsursache war, führte schließlich zum Bau von Abwassersystemen, die als erfolgreichste Maßnahme aller Zeiten für die öffentliche Gesundheitsvorsorge gelten.

▲ John Snow wurde eine der höchsten Ehren zuteil – ein beliebter Pub in Soho wurde nach ihm benannt.

RÄTSELANLEITUNG

Die Wasserpumpen fehlen auf der Karte. Kannst du sie anhand der Todeszahlen einzeichnen? Setze die Pumpen in leere Kästchen. Hinweise in einigen Kästchen zeigen die Anzahl der Wasserpumpen in benachbarten Kästchen – auch diagonal. In jedes Kästchen darf nur eine Pumpe kommen.

3		3	1	2			
					3	4	2
3	3			3			
		1			5	3	2
3	3	2			3		
			3			3	2
3	3	3					
			1	2	1		1

KOPFTRANSPLANTATIONEN

Trotz nahezu einhelliger Kritik und fachlicher Skepsis machte der italienische Neurologe Sergio Canavero 2016 Schlagzeilen, als er behauptete, die erste Kopftransplantation durchführen zu wollen. Canavero nahm für sich in Anspruch, durch Experimente mit Leichnamen bewiesen zu haben, dass er mit elektrischer Stimulation und biologischem Kleber das erreichen konnte, was Fachleute als unmöglich ansahen: getrennte Nervenenden wieder zu verbinden und Nervenbahnen zu reparieren.

Wahrscheinlich war es für alle Beteiligten eine glückliche Fügung, dass diese umstrittene Operation nie stattfand, doch der Plan führte zu interessanten philosophischen Fragen: Wäre es nicht passender, von einer Körpertransplantation zu sprechen, da der Kopf doch der Empfänger und nicht der Spender wäre? Welche Folgen hätte ein neuer, fremder Körper für die Psyche des Empfängers? Und ist nicht die Verkörperlichung ein wesentlicher Aspekt des Bewusstseins, sodass ein anderer Körper bei seinem Empfänger ein neues und anderes Bewusstsein erzeugen würde?

Da die medizinische Wissenschaft weiter voranschreitet, wird es stets wahrscheinlicher, dass solch verrückte Vorschläge eines Tages Alltag werden. Wenn das eintritt, müssen ethische Fragen wie die oben genannten stärker berücksichtigt werden, bevor medizinisch gehandelt wird.

◄ Modell von Frankensteins Monster bei Madame Tussauds. Heute verwendet man bei Transplantaten meist weniger Metallbolzen.

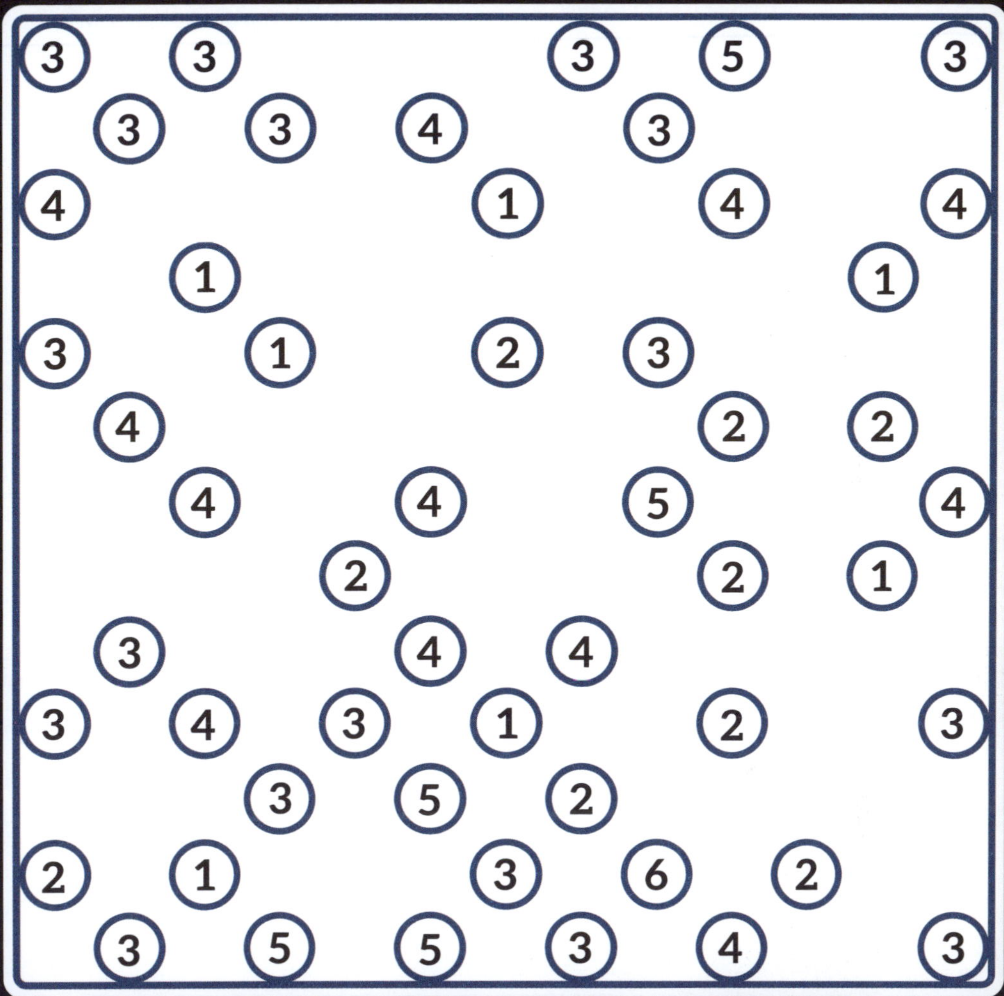

RÄTSELANLEITUNG

Um das Kopftransplantat zu vervollständigen, musst du Nervenverbindungen zwischen abgetrenntem Hirnstamm und Rückenmark legen. Verbinde die umkreisten Ziffern mit waagerechten und senkrechten Linien. Jede Ziffer muss so viele Linien haben, wie durch ihren Wert vorgegeben ist. Bis zu zwei Linien dürfen ein beliebiges Zahlenpaar verbinden, aber Linien dürfen sich nicht kreuzen. Am Ende müssen alle Ziffern verbunden sein, sodass du zwischen jedem beliebigen Ziffernpaar hin- und herwechseln kannst, indem du einer oder mehr Linien folgst.

REICHEN 10.000 SCHRITTE?

Das Schrittzählen ist zu einem Eckpfeiler der modernen gesunden Lebensweise geworden, und das allseits gepriesene magische Ziel lautet 10.000 Schritte am Tag.

In der Tat haben Studien gezeigt, dass Personen, die 10.000 Schritte am Tag laufen, gesünder sind als jene, die weniger Schritte zurücklegen. Doch die 10.000 Schritte wurden eher willkürlich festgelegt: Aus Marketingzwecken erfand sie ein japanisches Unternehmen, als es seinen Schrittzähler auf den Markt brachte. Wissenschaftlich untermauert ist diese Zahl nicht.

Andererseits haben einige Studien die Laufgewohnheiten moderner Jäger und Sammler untersucht, die gewissermaßen im „Paleo"-Lebensstil leben und kaum an den Gesundheitsproblemen leiden, die Menschen in hochentwickelten Ländern plagen. So fand eine Forschungsarbeit über das Hadza-Volk in Tansania heraus, dass seine Mitglieder durchschnittlich 15.000 Schritte am Tag schafften. Dieses Ergebnis wurde gestützt durch eine Studie zu Postmitarbeitern im schottischen Glasgow, die ebenfalls 15.000 Schritte am Tag liefen und wesentlich bessere Kreislauf-Werte vorzuweisen hatten als Gleichaltrige, die häufiger saßen.

◀ Du must nur 10.000 Schritte am Tag laufen und schon wirst du so aussehen ...

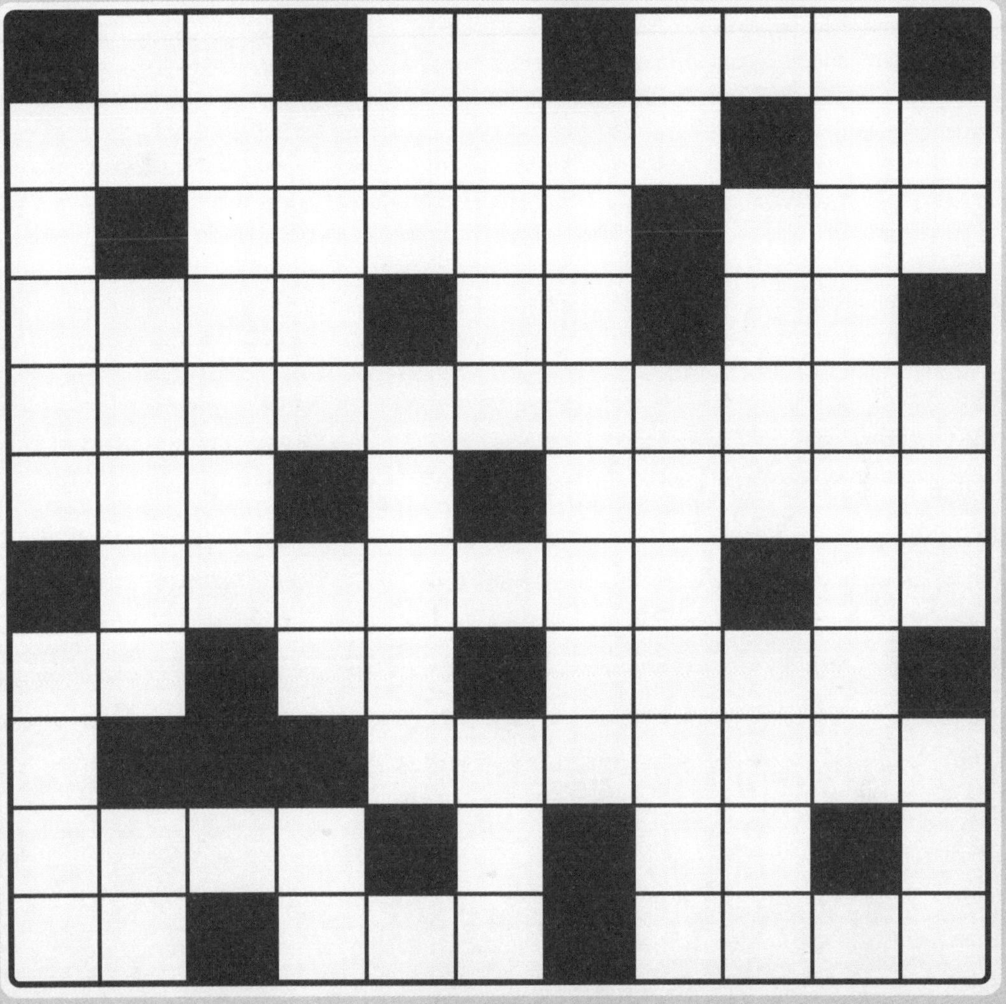

RÄTSELANLEITUNG

Finde den längsten Laufweg, ohne eine Stelle mehr als einmal abzugehen. Zeichne eine Strecke, die über möglichst vielen weißen Kästchen verläuft, ohne ein Kästchen mehr als einmal zu besuchen. Du darfst keine blauen Kästchen durchqueren und die Strecke darf nur aus waagerechten und senkrechten Linien bestehen.

ANTIBIOTIKA-RESISTENZ

Die Seuchenschutzbehörde der USA nennt Antibiotika-Resistenz eine „der größten Herausforderungen der öffentlichen Gesundheit unserer Zeit“, da sie die Wirksamkeit der wichtigsten medizinischen Behandlungsweisen bedroht. Die Antibiotika-Resistenz bildet sich aus, weil durch natürliche Abweichungen einige Bakterien resistenter gegenüber Antibiotika sind als andere. Die weitverbreitete Verwendung von Antibiotika vergrößert die Zahl dieser resistenten Stämme, vor allem, wenn Antibiotika leichtsinnig oder in zu geringen Dosen verabreicht werden (wenn sie zum Beispiel Tierfutter untergemischt werden). So existieren bereits Dutzende potenzieller krankheitserregende Keime, die nur schwierig oder gar nicht mit Antibiotika behandelt werden können.

Das Problem könnte katastrophal werden: 2016 erkrankten 490.000 Menschen an einer resistenten Form von Tuberkulose. Auch HIV und Malaria entwickeln resistente Stämme. Ein häufiger antibiotika-resistenter Keim, der vor allem in Krankenhäusern auftritt, ist MRSA (methicillin-resistenter Staphylococcus aureus); Menschen mit diesem Stamm sterben 64 % häufiger an einer Infektion als jene mit einer resistenten Form. Allein in den USA tritt bei drei Millionen Menschen eine antibiotika-resistente Infektion auf, und über 35.000 Menschen sterben daran.

▼ 3D-Illustration des MRSA-Bakteriums.

V				A		A	
	V					V	
		A		A		V	V
	V			A			A
A			A			V	
V	V		V		A		
	A					A	
	A		A				V

RÄTSELANLEITUNG

Bringe (V)iren und (A)ntibiotika ins Gleichgewicht, sodass die Viren nicht mehr als zwei Kästchen in einer Zeile besetzen. Schreibe dazu in jedes Leere Kästchen ein V oder ein A, sodass die beiden Buchstaben in jeder Zeile und Spalte gleich oft vorkommen. Wenn du eine Zeile oder Spalte liest, sollten nicht mehr als zwei gleiche Buchstaben aufeinanderfolgen. So wäre AVVAAVVA möglich, AVVVAAVA aber nicht, da hier drei V zusammentreffen.

DAS GESUNDHEITS-QUIZ

1) Wer entdeckte die antibiotischen Eigenschaften von Penizillin?

a) Alexander Fleming ☐

b) Alexander Armstrong ☐

c) Ian Fleming ☐

2) Welcher Teil des Auges nimmt Licht wahr und erzeugt Nervensignale, die über den Sehnerv versendet werden?

3) Welche Blutgruppe gilt als „universeller Spender"?

4) Von welchem Organ transportiert die Aorta Blut?

5) Wird Grippe durch ein Bakterium oder einen Virus ausgelöst?

6) Welche Krankheit führte im Mittelalter zum Schwarzen Tod?

7) Blutkörperchen welcher Farbe zeigen beim Menschen eine Immunreaktion an?

8) Was ist das größte Organ des Menschen?

9) Wie viele Zähne hat ein erwachsener Mensch?

10) Wofür steht die Abkürzung EKG?

11) Welches feuerhemmende Material löst Mesotheliumkrebs in den Lungen aus?

12) Wie viele Chromosomen hat üblicherweise ein menschlicher Zellkern?

13) Was ist der größte Knochen im menschlichen Körper?

14) Gegen welche Krankheit schützt eine MMR-Impfung?

15) Mit welchen Buchstaben wird eine DNA-Sequenz ausgedrückt?

16) Welches giftige Metall wurde im Mittelalter zur Syphilis-Behandlung eingesetzt?

17) Wie viele Male schlägt das Herz ungefähr im Leben eines Menschen?

a) 400 Millionen ☐

b) 4 Milliarden ☐

c) 400 Milliarden ☐

18) Wie viele Bakterien leben ungefähr in unserem Darm?

a) 1 Million ☐

b) 100 Millionen ☐

c) 100 Billionen ☐

19) Welches Organ unseres Körpers produziert Insulin?

20) Wo findest du Nephrolithen?

PHYSIK

Wenn du verstehen willst, wie unser Universum funktioniert, führt kein Weg an der Physik vorbei. Physiker arbeiten unentwegt daran, seine Geheimnisse zu entdecken, von den größten Systemen wie Galaxien und Sternkindergärten bis zum winzigsten uns bekannten Gebilde, dem Quantum. Im letzten Jahrhundert hat ihre Arbeit unser Leben grundlegend verändert, durch den Fernseher und das Internet, Smartphones und die Raumfahrt.

ALLES GUTE KOMMT VON OBEN

Bis zum 16. Jahrhundert glaubten Gelehrte an die antike griechische Theorie fallender Gegenstände, nach der schwere Dinge schneller fallen. Obwohl sie auf den ersten Blick logisch klingt, enthielt die Theorie ein Paradoxon, auf das Galilei hinwies: Was passiert, wenn ein schwerer Gegenstand an einen leichteren gebunden wird? Einerseits müsste der leichtere Gegenstand langsamer fallen und den schweren abbremsen; doch andererseits wären die beiden zusammen schwerer als ihre einzelnen Teile und würden demnach schneller fallen. Galilei löste dieses Paradoxon durch die These, dass beide Gegenstände gleich schnell nach unten fallen würden.

Um seine Behauptung zu beweisen, dass Gegenstände unabhängig von ihrem Gewicht gleich schnell fallen, soll Galilei angeblich gleich große – aber unterschiedlich schwere – Kanonenkugeln vom Schiefen Turm zu Pisa geworfen haben, die in der Tat gleichzeitig landeten.

▼ Galilei: ein berüchtigter, Kanonenkugeln werfender Renaissance-Gefährder

RÄTSELANLEITUNG

Ermittle die Höhe der Gebäude. Schreibe die Ziffern 1 bis 5 für die Höhe der Gebäude – wobei 1 das niedrigste und 5 das höchste ist – jeweils einmal in jede Zeile und Spalte dieses „Wolkenkratzer"-Rasters. Jede vorgegebene Ziffer außen am Raster steht für die Anzahl der „Gebäude", die von dieser Stelle aus „sichtbar" sind, wenn du von dort die Zeile oder Spalte entlangblickst. Eine Ziffer gilt dann als sichtbar, wenn in Leserichtung keine höhere vor ihr steht. So ist bei „21435" die 2, 4 und 5 sichtbar, doch 1 wird von 2 und 3 von 4 verdeckt.

		1				
						2
2						
						3
4						
	3			3		

SCHRÖDINGERS KATZE

Erkenntnisse in der Quantenphysik in der ersten Hälfte des 20. Jahrhunderts, wie die Heisenberg'sche Unschärferelation, führten zu der außergewöhnlichen Idee unbestimmter Teilchen – dass bedeutet, dass Teilchen sich gleichzeitig in unterschiedlichen Zuständen befinden könnten, und erst in einen bestimmten Zustand wechselten, wenn sie genauer beobachtet wurden (siehe das Doppel-Spaltexperiment, nächste Doppelseite). Die Vorstellung hat jedoch grundlegende Konsequenzen für unser Verständnis von Wirklichkeit. Dementsprechend schlug der österreichische Physiker Erwin Schrödinger 1935 ein Gedankenexperiment vor, um die Folgen der Quantenmechanik zu veranschaulichen.

Er überlegte, wie er den unbestimmten Zustand eines subatomaren Teilchens auf einen unbestimmten Zustand im Alltag übertragen konnte, und ersann einen grausigen Aufbau: Eine Katze wird in einen Kasten gesperrt, in dem sich außerdem ein Fläschchen mit tödlichem Gas befindet, sowie ein Hammer, der auf das Fläschchen fällt, sobald ihn ein Mechanismus auslöst, der durch den Kontakt eines einzelnen Partikels von abstrahlendem radioaktiven Material aktiviert würde. Der Zerfall des radioaktiven Materials wird von den Regeln der Quantenphysik bestimmt, sodass die Strahlung und der daraus resultierende Tod der Katze von den Gesetzen der Unbestimmtheit geregelt werden. Nur wenn man den Kasten öffnet und sich den Zustand der Katze anschaut, ist der unbestimmte Zustand aufgelöst. Bis dahin ist die Katze gleichzeitig lebend und tot.

PHYSIK

		X		O	O	X	X	O
X	O	O		O	X			
O	O	O		X				O
O		X		X	O			O
X			O		O		O	X
X		O					O	O
	O			X				O
X			X	O		X	O	X
	O	O				X	X	

RÄTSELANLEITUNG

X und O stehen für Katzen – tote und lebende! Schaue dir an, ob jedes Kästchen eine tote oder eine lebende Katze enthält. Schreibe entweder ein X oder ein O in jedes leere Kästchen, sodass in keiner Richtung (auch nicht diagonal), vier oder mehr X und O stehen.

DOPPEL-SPALTEXPERIMENT

Ein einfaches – aber unglaubliches – Experiment zeigt, dass Licht sowohl als Teilchen als auch als Welle agiert, was zunächst eigentlich unmöglich klingt. Wenn man Photonen durch den Spalt einer Barriere feuert (d. h. Licht aussendet) und das Aufprallmuster auf einem Bildschirm auf der anderen Seite aufzeichnet, wird man erwartungsgemäß einen schmalen Lichtbalken sehen.

Wenn man nun aber in der Barriere einen zweiten Spalt öffnet, zeigt sich auf dem Bildschirm nicht das Muster von Teilchen, sondern von sich gegenseitig störenden Wellen. Helle Balken sind dort zu sehen, wo die Wellenspitzen zusammentreffen (siehe Abbildung), obwohl immer nur ein Photon durch die Spalten abgefeuert wird.

So entsteht der Eindruck, als ob das Licht seine Form von teilchen- zu wellenförmig geändert hätte und ein einzelnes Photon gleichzeitig durch beide Spalten ginge! Noch merkwürdiger ist, dass bei Installation eines Sensors an den Spalten, die Photonen sich nicht mehr wie Wellen, sondern wieder wie Teilchen verhalten. Die Photonen verändern ihr Verhalten unter Beobachtung.

PHYSIK

Photon: Ein Teilchen, das für ein Lichtquant oder eine andere elektromagnetische Strahlung steht.

Welle: Eine Art Schwingung, die sich durch Raum und Materie bewegt.

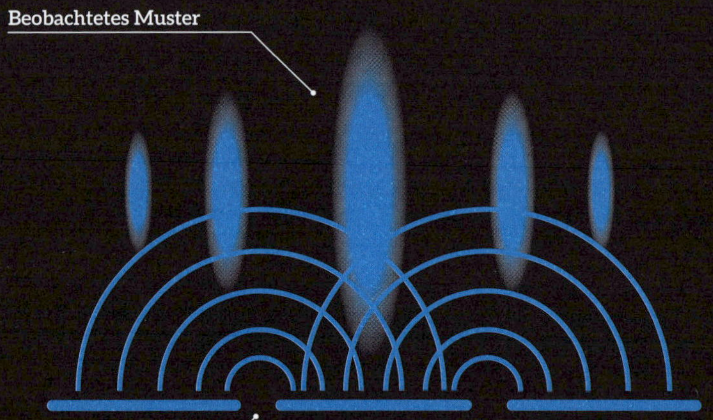

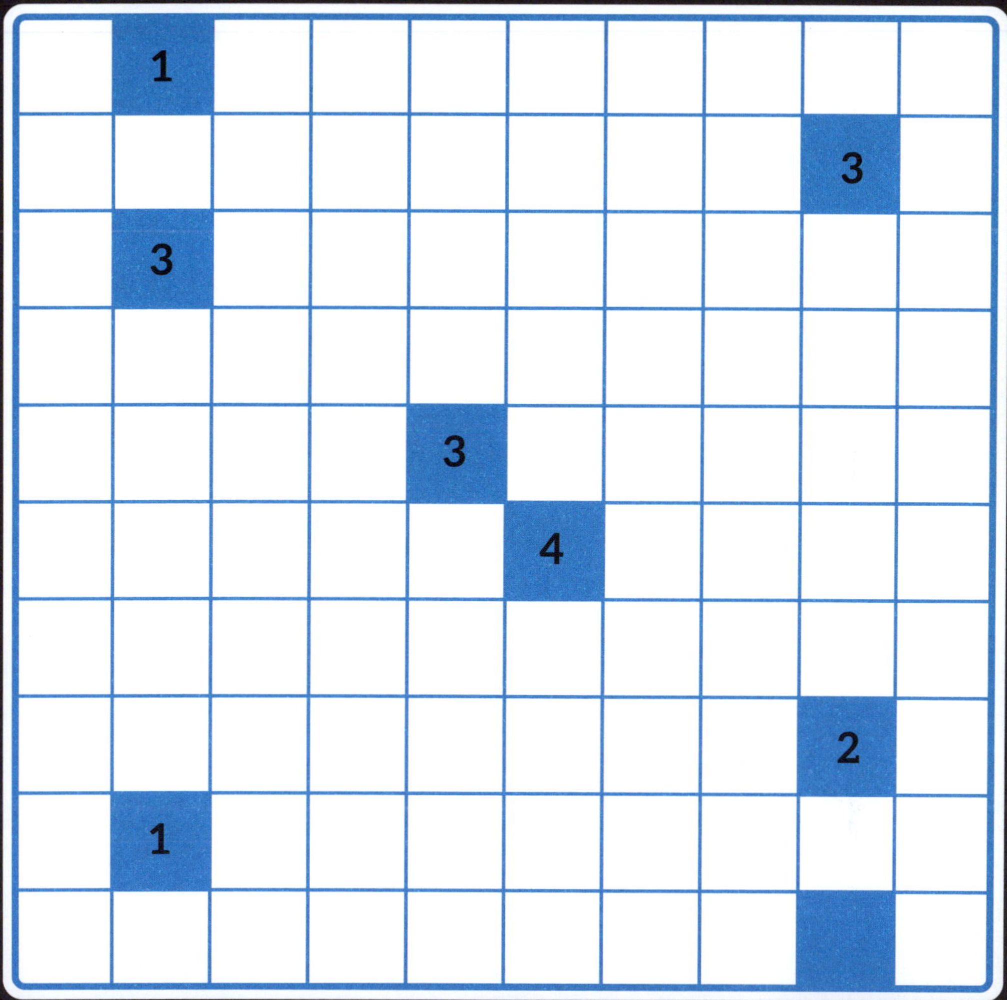

RÄTSELANLEITUNG

Platziere die Lichtquellen an den richtigen Stellen, um das Experiment fertigzustellen. Setze Glühbirnen in einige leere Kästchen, sodass jedes leere Kästchen beleuchtet ist. Glühbirnen beleuchten in ihrer Zeile und Spalte jedes Kästchen, bis sie von einem blauen Kästchen blockiert werden. Keine Glühbirne darf von einer anderen beleuchtet werden. Die Ziffern in den blauen Kästchen geben an, wie viele Glühbirnen sich in (nicht diagonal) angrenzenden Kästchen befinden. Nicht alle Glühbirnen sind auf diese Weise angegeben, aber alle blauen Kästchen sind bereits markiert.

UNTERWEGS IN LICHTGESCHWINDIGKEIT

Seit seiner Zeit als Student beschäftigte sich Albert Einstein mit dem scheinbar paradoxen Rätsel der Lichtgeschwindigkeit. Der gesunde Menschenverstand würde es gebieten, dass die Geschwindigkeit von Dingen relativ ist: Wenn du in einem Zug mit 100 km/h nach Westen fährst, dich aber innerhalb des Zuges mit 10 km/h nach Osten bewegst, beträgt deine effektive Geschwindigkeit in Relation zu einer Person auf dem Bahnsteig, an dem du vorbeifährst, 90 km/h. Ebenso sollte eine Kugel, die du mit einem Gewehr in Fahrtrichtung abfeuerst, schneller sein, als eine, die du aus unbeweglichem Stand abfeuern würdest. Diese Ausführungen nennen Physiker die Galileische Relativität.

Einstein verwirrte, dass James Clerk Maxwells Gleichungen für elektromagnetische Wellen bewiesen hatten, dass die Lichtgeschwindigkeit in einem Vakuum (auch c genannt) eine feste Größe ist. Ein Laserstrahl, von einer stehenden Person abgegeben, bewegt sich mit der gleichen Geschwindigkeit wie der Strahl eines Astronauten in einem 1.000 km/h schnellen Raumschiff. Wie konnte das bloß sein?

Einsteins Relativitätstheorie beweist, dass eine gleichbleibende Lichtgeschwindigkeit bedeutet, dass Zeit und Raum relativ sind. Das heißt auch, dass zwei Personen, die sich relativ zueinander mit Geschwindigkeiten nahe c bewegen, Zeit unterschiedlich wahrnehmen. Sie würden feststellen, dass die Uhr des anderen langsamer läuft als die eigene.

▼ Das Gelileische Relativitätsprinzip war nur eine kleine Hürde für Einstein, doch die Nutzung eines Kamms meisterte er nie.

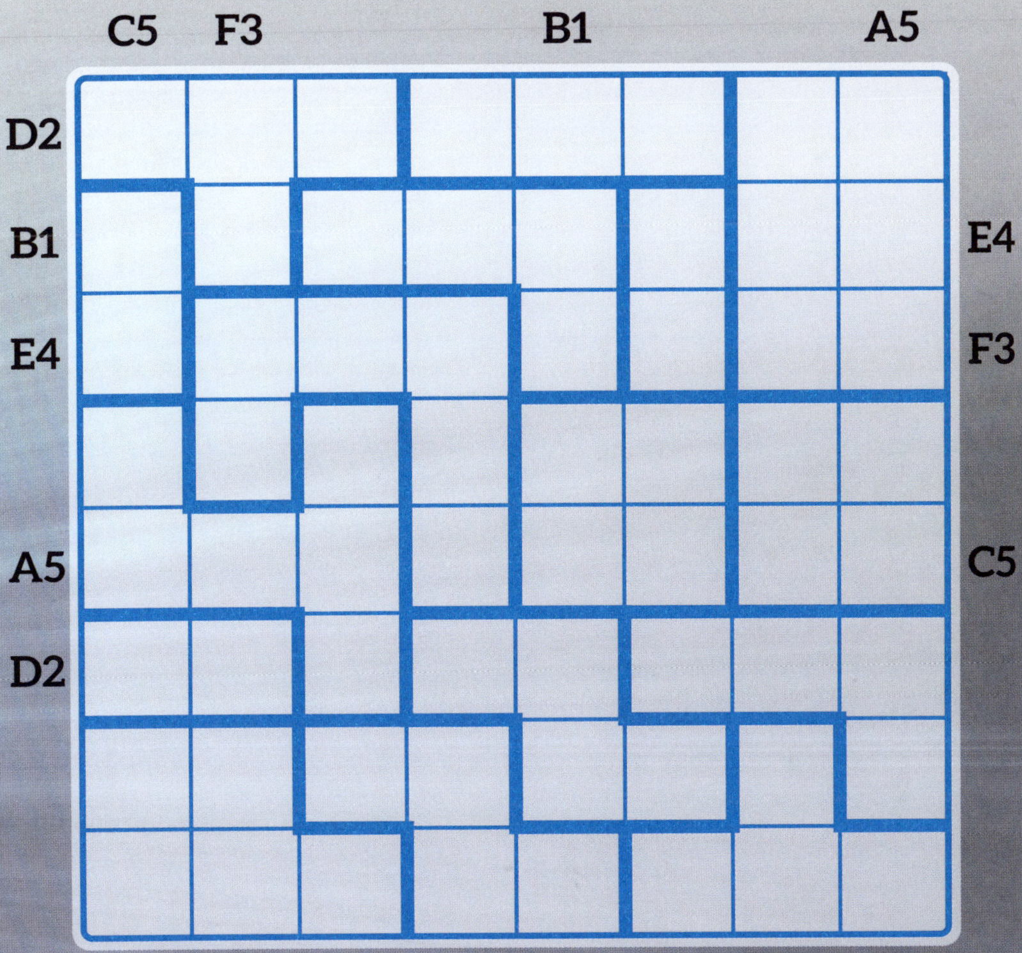

RÄTSELANLEITUNG

Feuere in Lichtgeschwindigkeit Laser in das Raster. Zeichne diagonale Linien über einige Kästchen, sodass sie Spiegel bilden – immer ein Spiegel in jedem fett umrandeten Gebiet. Die Spiegel müssen so positioniert werden, dass ein Laser, der von einer Buchstaben-Ziffern-Kombination in das Raster gefeuert wird, dieses an einer Stelle mit gleicher Kombination wieder verlässt. Die Ziffer gibt an, von exakt wie vielen Spiegeln er dabei abgeprallt sein muss.

KERNSPALTUNG

Die Kernspaltung ist der Prozess, bei dem sich ein großer, instabiler Kern – etwa der Atomkern von radioaktivem Uran –in zwei kleinere Kerne spaltet, und dabei große Mengen Energie freisetzt. Der Gedanke dazu stammt ursprünglich von der deutschen Chemikerin Lise Meitner und ihrem Neffen, dem Physiker Otto Frisch. Sie versuchten zu erklären, warum ein Uran-Atom, das mit Neutronen beschossen wurde, sich in kleinere Barium-Atome veränderte.

Die beiden Wissenschaftler fanden heraus, dass bei einer einzigen derartigen Spaltung Energie von rund 200 Millionen Elektronenvolt (MeV) freigesetzt wurde. Im Vergleich dazu werden bei den stärksten chemischen Reaktionen etwa 5 eV freigesetzt. Sie konnten zeigen, woher dieser enorme Energieschub kam: Bei der Spaltung der Uran-Atomkerns in kleinere Kerne verschwindet eine winzige Masse. Nach Einsteins Formel $E=mc^2$ errechneten Meitner und Frisch, dass die fehlende Masse 200 MeV Energie entsprach.

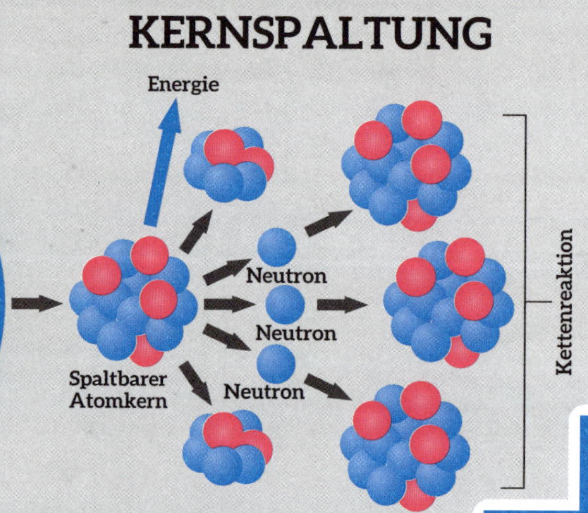

▲ Eine Kernspaltung kann gefährliche Kettenreaktionen auslösen. Wenn zum Beispiel ein Uran-235 einen Kern absorbiert, teil es sich in zwei kleinere Atome und setzt drei neue Neutronen frei, zusammen mit viel Energie. Diese Neutronen treffen auf andere Atome, und es wird eine explosive Kettenreaktion in Gang gesetzt.

RÄTSELANLEITUNG

Spalte die instabile Form in vier identische Teile. Zeichne an den gestrichelten Rasterlinien entlang, um die Form in vier Bereiche zu teilen. Alle Bereiche müssen identisch sein, obwohl sie gegeneinander gedreht (aber nicht gespiegelt) werden dürfen.

STRINGTHEORIE

Einsteins Relativitätstheorie und weitere Entdeckungen in der Quantenphysik sind leider nicht miteinander vereinbar. Kosmologen, die daran arbeiten, Relativität und Quantenphysik in Einklang zu bringen, suchen nach einer „Theorie von Allem“. Ein möglicher Lösungsansatz ist die Vorstellung der Existenz anderer Dimensionen zusätzlich zur vierdimensionalen Raum-Zeit der Relativität – bis zu sieben oder mehr zusätzlichen Dimensionen.

Die naheliegende Frage ist, warum wir diese Dimensionen nicht sehen können. Eine Vermutung ist, dass sie in unglaublich winzige multi-dimensionale Fäden gefaltet sind und dass das, was wir als subatomare Teilchen wahrnehmen, in Wirklichkeit schwingende Kreise dieser „Strings“ sind. Die derzeitige Technik ist nicht in der Lage, diese Strings zu erkennen, sodass es schwer ist, die Theorie zu überprüfen oder zu widerlegen.

STRINGTHEORIE

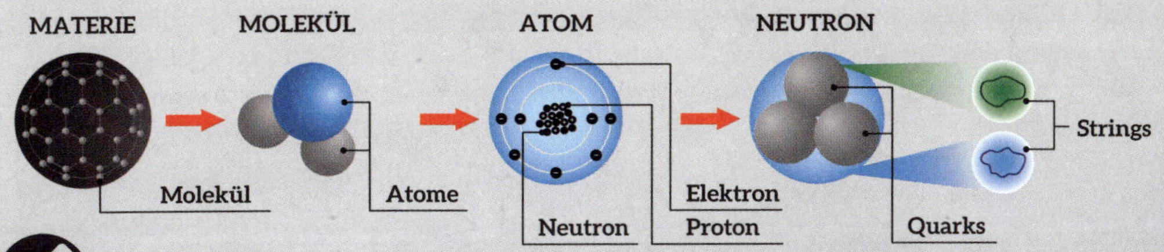

RÄTSELANLEITUNG

Finde die Gruppe schwingender Strings im Raster. Zeichne verschiedene Bänder, die insgesamt durch alle Kästchen laufen. In jedem Kästchen darf ein Band entweder gerade verlaufen, im 90-Grad-Winkel abknicken oder ein anderes Band direkt kreuzen. Abgesehen von den Kreuzungskästchen, darf immer nur ein Band durch ein Kästchen laufen. Linien dürfen nicht diagonal gezogen werden. Jedes Band muss durch mindestens einen Kreis laufen und alle Kreise mit der gleichen Ziffer dürfen nur zu ein und demselben Band gehören.

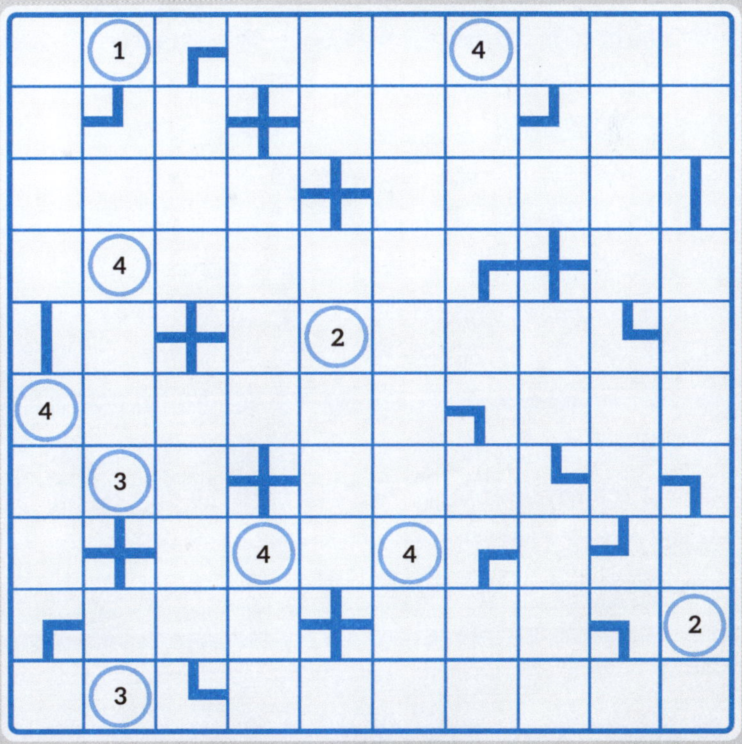

NEWTONS APFEL

Die Legende von Newtons Apfel ist so bekannt, dass sie inzwischen zum Klischee geworden ist: die Schwerkraft trifft den Wissenschaftler am Kopf, während er unter einem Apfelbaum sitzt.

Tatsächlich geht alles auf eine Geschichte zurück, die Newton seinen Verwandten selbst erzählte und in der er über die Natur der Schwerkraft sinnierte. Er hatte beobachtet, wie in seinem Garten ein Apfel vom Baum fiel. Die Schwerkraft war auch damals schon eine allgemein bekannte Tatsache. Allerdings wusste man nicht genau, warum Gegenstände herunterfielen und welche Gesetze diese Kraft beeinflussten. Der herabfallende Apfel ließ Newton darüber nachdenken, ob die gleiche Kraft, die auf den Apfel wirkte, sich bis zum Mond fortsetzte, was erklären würde, warum dieser um die Erde kreiste, statt ins Weltall hinauszufliegen.

Er wollte die relativen Stärken der auf Apfel und Mond wirkenden Anziehungskräfte berechnen. Da er die Abstände kannte, fand er heraus, dass es sich um dieselbe Kraft handelte, und bewies, dass sich die Anziehungskraft zum umgekehrten Quadrat des Abstands zwischen Erde und Apfel oder Mond verhielt.

▼ Isaac Newtons Bewegungsgesetze erklärten die Bewegung von sowohl Objekten in kleinem Maßstab, wie vom Baum fallende Äpfel, als auch die Bewegung der Meere durch die Gezeiten.

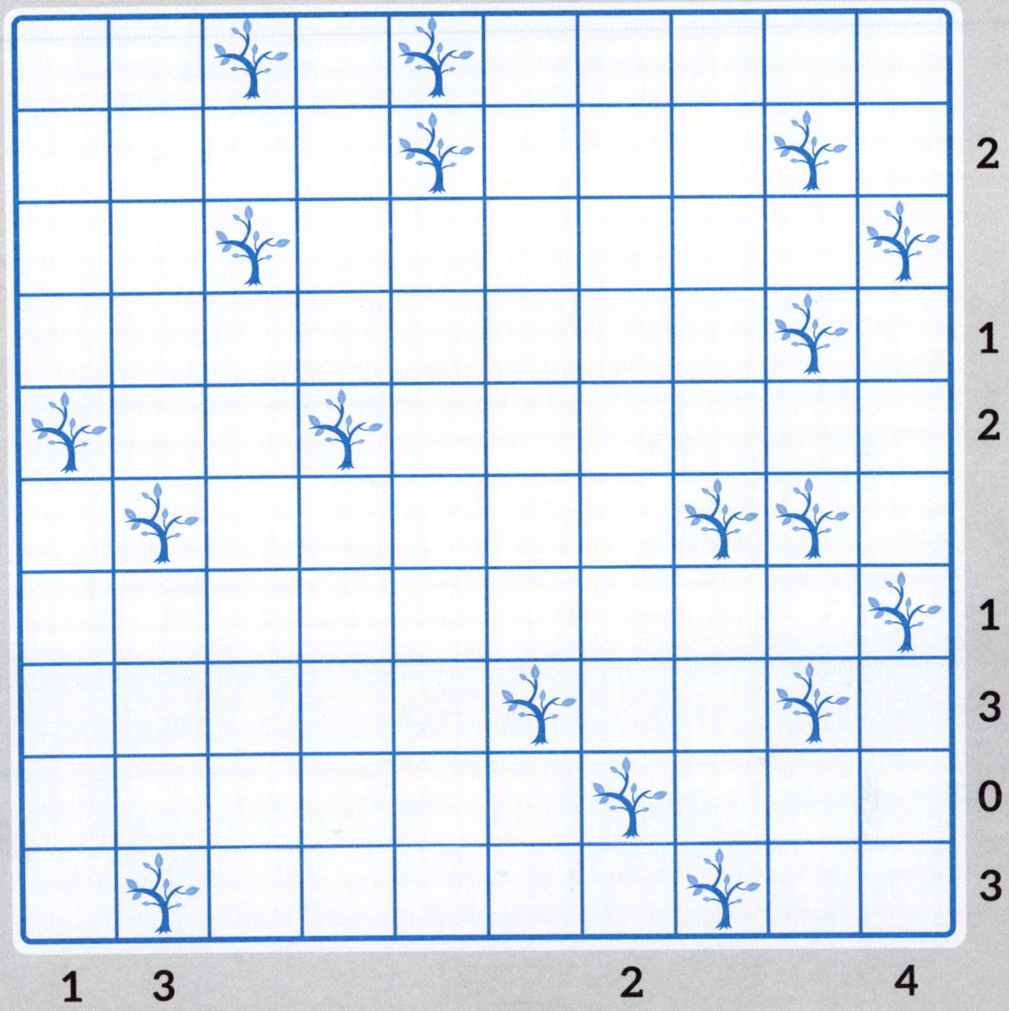

RÄTSELANLEITUNG

Platziere die von jedem Baum gefallenen Äpfel. Lege genau einen Apfel an jeden Baum, sodass jede Zeile und Spalte die angegebene Anzahl an Äpfeln enthält. Die Äpfel können nur in eines der (bis zu) vier leeren Kästchen direkt über, unter oder neben den Baum gelegt werden. Keine zwei Äpfel dürfen sich berühren – auch nicht diagonal.

REGENBOGEN UND BLAUER HIMMEL

Die Farben des Regenbogens – und eigentlich auch die des Himmels – resultieren aus Teilen der Erdatmosphäre, die das Licht absorbieren oder streuen, wenn es durch sie hindurchgeht. Das Sonnenlicht ist eine Mischnug aller Wellenlängen (vom Weltall aus sieht die Sonne pfirsich-rosafarben aus). Um auf das Auge zu treffen, muss das Licht die Atmosphäre durchdringen. Luftmoleküle streuen kurzwelliges blaues Licht, lassen aber rotes und gelbes Licht durch. Die Sonne sieht deshalb gelb aus, während das blaue Licht über Umwege auf das Auge trifft, wodurch alle Teile des Himmels blau erscheinen. Ein Regenbogen erscheint, wenn das Licht durch Wassertropfen in der Luft gebrochen wird, die die Wellenlängen auf gleiche Weise teilen, wie ein Prisma weißes Licht in die Farben des Spektrums teilt.

RÄTSELANLEITUNG

Suche dir deinern Weg durch das Regenbogen-Labyrinth. Kannst du von links nach rechts über den Regenbogen wandeln?

DER KÄLTESTE ORT IM UNIVERSUM

Instinktiv würde man sagen, dass der kälteste Ort im Universum im Weltall liegt. Und in der Tat ist die durchschnittliche Temperatur im All kühle 3 K (-270 °C). „K" steht für „Kelvin", die Einheit, die Wissenschaftler zur Messung der Temperatur bevorzugen, denn sie ist absolut und beginnt bei Null; 0 K wird auch der „absolute Nullpunkt" genannt. Das ist der Zustand, in dem keine Energie vorhanden ist. Es ist ein rein theoretischer Wert, der in der Wirklichkeit nicht existiert. Je näher man ihm jedoch kommt, desto sonderbarer verhält sich die Physik – deshalb möchten Wissenschaftler dem absoluten Nullpunkt so nahe wie möglich kommen, um zu analysieren, was dann genau passiert.

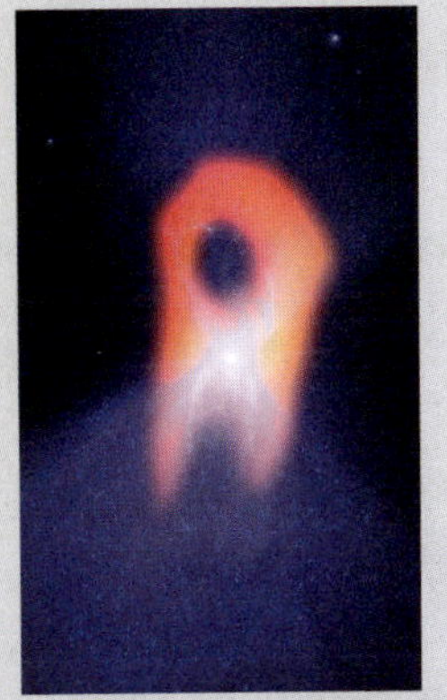

Einige Teil des Weltalls sind besonders kalt. Der kälteste bekannte Teil ist der Bumerangnebel mit einer Temperatur von nur 1 K! Allerdings ist es Wissenschaftlern mit Hilfe von Lasern und Magneten gelungen, Atome so stillzuhalten, dass ihre Temperatur noch tiefer fällt. Der aktuelle Rekord für die kälteste jemals erreichte Temperatur (somit der kälteste Ort im Universum) wurde im Cold Atom Lab erreicht, einer Einrichtung auf der Internationalen Raumstation, mit einer Rekordtemperatur von 100 Nano-Kelvin – ein zehnmilllionstel Kelvin über dem absoluten Temperaturnullpunkt.

◀ Der Bumerangnebel vom Atacama Large Millimeter Array aus im Juni 2017 aufgenommen.

PHYSIK

RÄTSELANLEITUNG

Arbeite dich bis auf Zehnmillionstel-Kelvin vor, beginnend bei einem 64-Millionstel und abwärts. Schreibe eine Zahl in jedes leere Kästchen, sodass jede Zahl von 64 bis 1 einmal im Raster steht. Die Zahlen müssen einen Pfad von 64 zu 1 bilden, wobei jeder Schritt auf ein Kästchen mit niedrigerem Wert führt, so wie sich der König beim Schach bewegt – d. h. links, rechts, nach oben, nach unten oder diagonal.

61	58	59			46		
				49			
	64				48		
	52					36	
			1			33	
	26		17				
	24		15		4	7	8

DAS GRÖSSTE EXPERIMENT DER GESCHICHTE

Der Large Hadron Collider (LHC, der Große Hadronen-Speicherring) am CERN (dem europäischen Kernforschungszentrum) wartet mit einigen Rekorden der Superlative auf: Er ist das größte wissenschaftliche Experiment, der größte Detektor und die größte Maschine der Geschichte. Einfach ausgedrückt ist er ein riesiger Teilchenbeschleuniger (zu den Hadronen zählen Protonen und Neutronen), der durch einen gigantischen Ringtunnel läuft. Er liegt 33 m tief unter der Erde, ist 27 km lang und verläuft an der französisch-schweizerischen Grenze nahe Genf.

Auf dieser Bahn beschleunigen fast 10.000 Magnete aufgeladene Teilchen gegenläufig auf 99,99 % Lichtgeschwindigkeit, bis sie mit enormer Wucht kollidieren, um so die Bedingungen eine Mikrosekunde nach dem Urknall nachzubilden. Die Magnete des LHC wiegen mehr als der Eiffelturm, während die gesamte Anlage 38.000 Tonnen schwer ist – mehr als die Hälfte des Gewichts der *Titanic*. Da die Magnete superkalt sein müssen, um superleitfähig zu sein, verfügt der LHC auch über die weltgrößte Kühlanlage – noch ein Rekord.

▼ Ein kleiner Teil des Large Hadron Collider in Frankreich.

3			5				
					8		
	6						
		4			7		
4						5	
		4					
							3
2				5			

PHYSIK

RÄTSELANLEITUNG

Ziehe ein durchgehendes Band, das an jedem nummerierten „Magneten" vorbeiläuft, so wie durch die Anordnung vorgegeben. Zeichne eine durchgehende Linie, die waagerecht und senkrecht durch leere Kästchen läuft. Diese Linie kann jedes Kästchen nur einmal betreten und muss an den Magneten vorbei durch so viele angrenzende Kästchen verlaufen, wie durch die Ziffer im „Magneten" angegeben.

DIE SPUKHAFTE FERNWIRKUNG

Ein Geheimnis der Quantenphysik, die Einstein beschäftigte – der von einer „spukhaften Fernwirkung" sprach – ist die Quantenverschränkung. Dabei handelt es sich um die Eigenschaft von Teilchenpaaren, die sich aus der Heisenberg'schen Unschärferelation ergibt. Bei der Bildung eines Teilchenpaares werden einige seiner Eigenschaften entgegengesetzt sein. Wenn sich zum Beispiel ein Teilchen in eine Richtung dreht, dreht das andere sich in die andere Richtung.

So weit, so einfach. Verwirrend wird es dadurch, dass solange nicht zu bestimmen ist, welches Teilchen welchen Dreh hat, bis mindestens eines der Teilchen beobachtet wird. Das bestimmt seine Eigenschaft und infolgedessen auch die Eigenschaft des entgegengesetzten Teilchens. Die beiden Teilchen sind also miteinander verschränkt. Spukhaft daran ist, dass, wenn die Teilchen vor der Beobachtung voneinander getrennt werden und erst dann eines der Teilchen beobachtet wird, das andere, obwohl räumlich entfernt, sofort bestimmt werden kann. Es scheint, als hätte das erste Teilchen dem zweiten „gesagt", in welche Richtung es sich zu drehen habe, und diese Information scheint sich sofort auf die Reise zu machen – schneller als die Lichtgeschwindigkeit.

10							10									10						4			4					11									13
		10	10							3		3								2	7						7				2			4			4		
	8								4	6					6				1	2				6					6		2	5			2			11	
	8						2		4			5				5												4			4				2	4	1	4	
			10			2	2								1	4			4										2					2	2				
6						2																							2					4					
6																																5				4		4	
4																										6							2						
4								5				5									1	6	7						7				2	4			4	4	
9						10														11										11	4			4			1	13	
9				5	8							8	5	10						2	2		8							8		1		1	4				
							5			5																3		3											4
													2	2							3		3	2								2							4
								5				4		4						9				2	4							2	7		4				9
						2	4			4	5		1						2	4		4			4		3	1				4			2	2		11	
						2		2	2		4								2				2	2		4		3				7				5			
	9											3		4																	4					3			
	9								4			4	3							4		5				5													
																																7			5	3			
12		5																														6					13		
															4						9	2								6	7			11					
	7												2	2								2															6		9
																						2	2							5				13					
		5										4	4		4						4			4						10	4			7	2				
												4	4			4				2	2			4	4							5			2				12
		6	6							3		4				5				5																			
12		5		5							3								14						3		3				4					4	6		
	7				2									7			14	6				7		6														8	
1			4		2					5				5						6				4	5								1						
4						1					5		4	4						2	2					2			1					7	7	4			
		5		5	5	2	2			4							7		7							2						7							
			4				2		2	2													6	4					10						12		4		
4			1	2			2	2			4	5					2	2							5			9			12	4	4	6			4		
	4			2				2							4			4	3	2								3									8		
					5	6												3		2					3	11						2	2						
				6				4	4															1		3		3					9		5			13	12
	4		9								9												5							1	10		6						
					9	5			4			4										4		5				4					5			6			
9		6	5							3		3									4							4					5				5	6	
						6						5		5	6					6	4		4				2	2	11		10	13							

RÄTSELANLEITUNG

Verbinde die Teilchenpaare, um das ganze Bild zu zeigen. Zeichne Wege ein und verbinde gleiche Ziffernpaare, wobei die Zahl angibt, wie viele Kästchen er durchqueren muss (einschließlich seines Start- und Endpunkts). Wege können nur waagerecht und senkrecht verlaufen, und es kann immer nur ein Weg durch ein Kästchen laufen. Wenn du fertig bist, male alle Kästchen aus, durch die Wege laufen. Dann siehst du das ganze Bild.

KÜHLSCHRANKMAGNET GEGEN ERDE

Dank ihres Metallkerns besitzt die Erde ein riesiges Magnetfeld, das sich 70.000 km weit ins Weltall erstreckt; wobei es unter Idealbedingungen sogar 300.000 km werden können. Doch die Stärke des Felds ist überraschend schwach. Ein Kühlschrankmagnet ist rund 20-mal magnetischer als die Erde. Die magnetische Feldstärke („magnetische Anziehungskraft") wird in Tesla (T) und Gauß (G) gemessen: 1 T = 10.000 G. Die Feldstärke der Erde liegt bei gut 0,5 G, obwohl sie auf der Erde unterschiedlich stark ist – am stärksten an den Polen, am schwächsten am Äquator. Ein Kühlschrankmagnet hat 10 G, der Elektromagnet eines MRT-Geräts bis zu 3 T (30.000 G). Das ist rund 3.000-mal stärker als ein Kühlschrankmagnet und 60.000-mal stärker als das Magnetfeld der Erde.

RÄTSELANLEITUNG

Finde anhand der Messwerte heraus, wo die Magnete liegen. Jedes Oval muss entweder ausgemalt werden, um anzudeuten, dass dort kein Magnet liegt, oder es muss mit + an einem Ende und - am anderen markiert werden, um die Polarität zu zeigen. Gleiche Magnetpolaritäten dürfen links/rechts/oben/unten nicht aufeinandertreffen. Die Ziffern außerhalb des Rasters geben die Gesamtzahl von + und - in jeder Zeile und Spalte an.

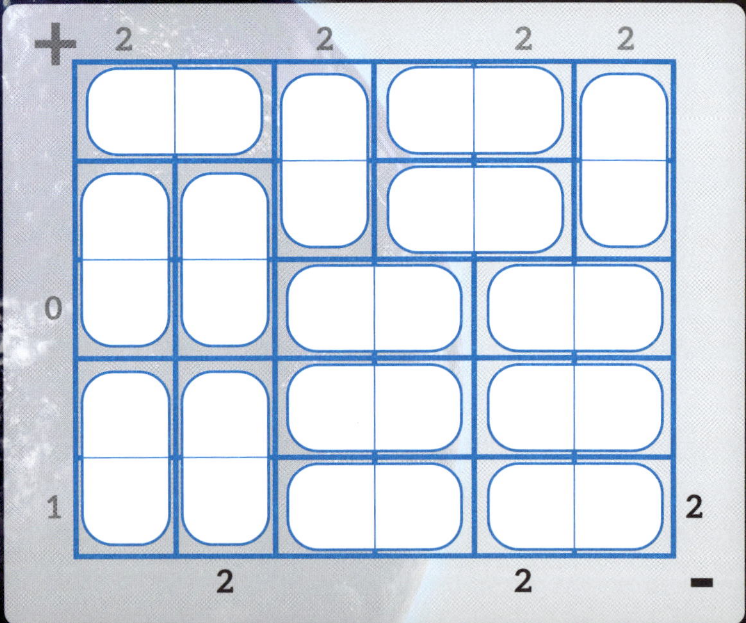

ZEITREISENDE ZWILLINGE

Aus Einsteins Relativitätstheorie ergeben sich unglaubliche Schlüsse: Wie bereits erwähnt, würde zum Beispiel die Fortbewegung mit hoher Geschwindigkeit dafür sorgen, dass die Zeit für den Reisenden scheinbar langsamer vergeht. An dem als Beweis angeführten Gedankenexperiment ist ein Zwillingspaar beteiligt. Ein Zwilling ist ein Astronaut, der mit nahezu Lichtgeschwindigkeit weit ins All reist und dann zur Erde zurückkehrt. Der andere Zwilling bleibt auf der Erde. Wenn der erste Zwilling nach, wie er meint, einem Jahr zurückkommt, stellt er fest, dass für den Zwilling auf der Erde 20 Jahre vergangen sind. Der Erd-Zwilling hat in der Zwischenzeit die Uhr des Astronauten-Zwillings beim Flug durchs All mit einem speziellen Teleskop beobachtet, und ihm kam es vor, als würde die Uhr des Astronauten-Zwillings sich nur mit einem Zwanzigstel der Geschwindigkeit seiner eigenen Uhr bewegen.

RÄTSELANLEITUNG

Vereine die Zwillinge nach so langer Zeit (oder nicht so langer Zeit, je nachdem, wen du fragst) wieder miteinander. Zeichne waagerechte und senkrechte Linienpaare, um die Kreise zu verbinden. Jedes Paar besteht aus einem dunklen und hellen Kreis. Linien dürfen keine anderen Linien oder Kreise überschneiden.

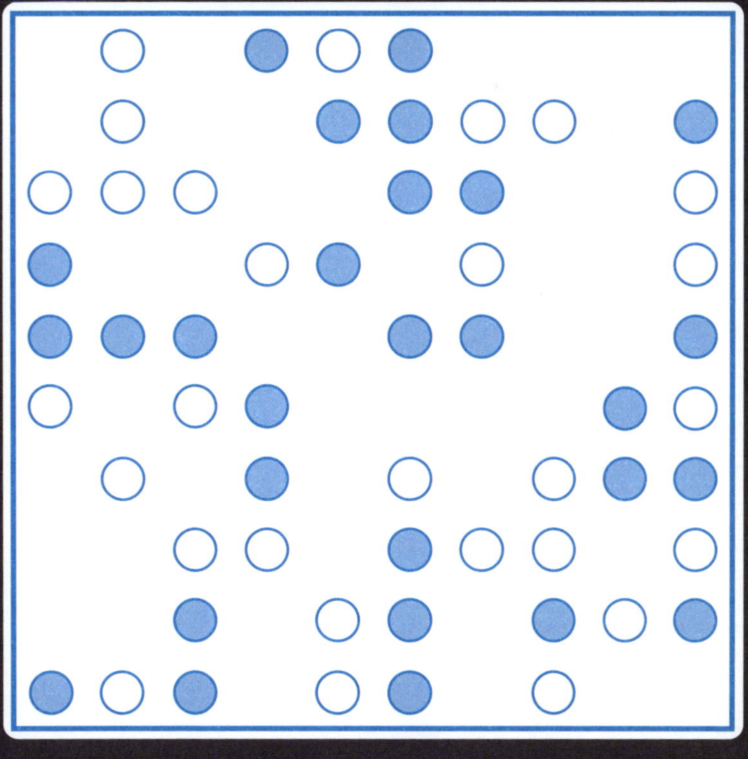

DAS GEWICHT VON LUFT

1641 nahm Galilei die Herausforderung toskanischer Bergarbeiter an, die wissen wollten, warum ihre Wasserpumpen nur bis zu 10 m Höhe pumpten. Wäre das Pumpenrohr höher als diese 10 m, würde die Wassersäule sich vom Pumpenkolben trennen und zu einem Vakuum am Pumpenkopf führen. Nach herkömmlicher Überzeugung galt ein Vakuum als wider die Natur, und doch trat es hier auf.

Galilei verstarb kurze Zeit später, doch sein Sekretär Evangelista Torricelli führte seine Forschungen fort und konstruierte das erste Barometer der Welt: Sein Gerät zur Messung des atmosphärischen Drucks war ein erster Schritt hin zur Wettervorhersage. Um die Durchführung des Experiment zu vereinfachen, ersetzte Torricelli Wasser durch dichtes flüssiges Quecksilber. Er füllte eine Röhre mit fast einem Meter Quecksilber, deckte mit dem Finger das Ende ab und tauchte die Unterseite in ein Quecksilbergefäß. So konnte er einen luftleeren Raum oben in der Röhre nachweisen, die mit nichts gefüllt war: ein Vakuum. Die 76 cm hohe Quecksilbersäule, so erklärte er, würde durch das Gewicht der Luftsäule in der Atmosphäre darüber festgehalten. Genau wie Temperatur und Dichte der Luftsäule sich mit dem Wetter veränderten, so ändere sich auch der exakte Quecksilberstand im Barometer.

▼◢ Die Statue von Evangelista Torricelli neben einer Zeichnung aus dem 19. Jh. Letztere zeigt die Funktion seines frühen Barometers zur Luftdruckmessung.

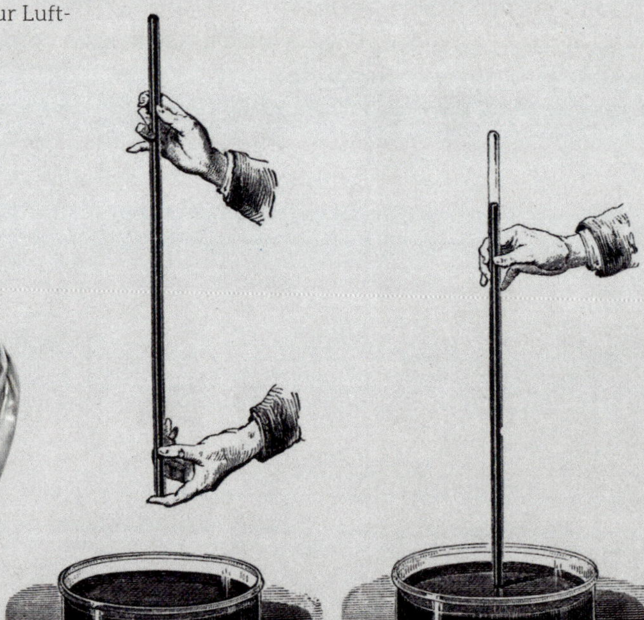

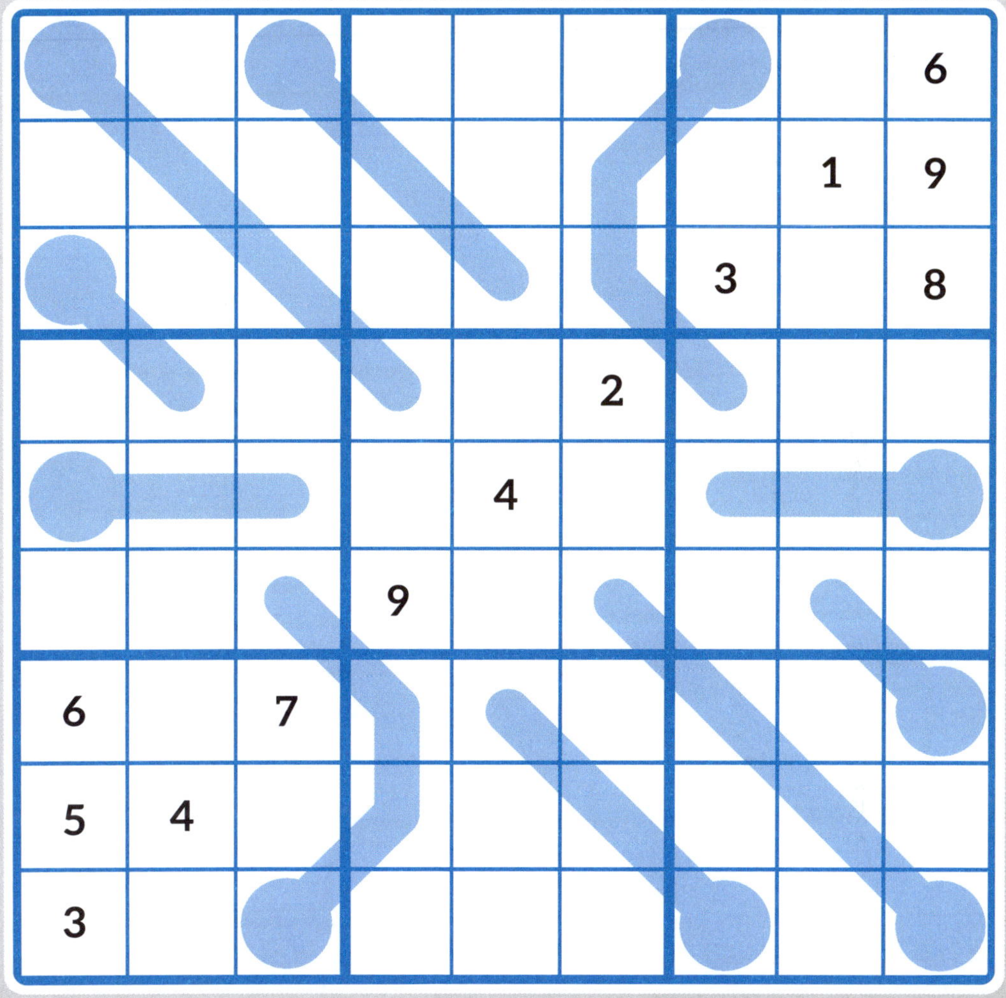

								6
							1	9
						3		8
					2			
				4				
			9					
6		7						
5	4							
3								

RÄTSELANLEITUNG

Vervollständige das Barometer-Sudoku. Schreibe die Ziffern 1 bis 9 in jede Zeile, jede Spalte und jedes fett umrandete 3x3-Gebiet. Der Wert der Ziffern auf dem dunklen Barometer muss von Kästchen zu Kästchen steigen, angefangen beim Kolben (niedrigster Wert) bis zum Kopf (höchster Wert). Das heißt, dass sich im Barometer keine Ziffer wiederholen darf.

DAS PHYSIK-QUIZ

1) Was fällt im Vakuum schneller nach unten: Feder oder Kanonenkugel?

2) Welche Teilchen übertragen die elektromagnetische Kraft?

3) Drei Gefäße sind mit kochendem Wasser gefüllt: eines ist aus Kupfer, eines aus Kork und eines aus Keramik. Welches Gefäß ist am heißesten, wenn du es in der Hand hältst?

4) Welcher Bereich des Spektrums hat eine etwas längere Wellenlänge als rotes Licht?

5) Welche Art der Energie erfährt ein Ball, wenn er einen Hügel hinaufgebracht wird?

a) Kinetische Energie ☐

b) Thermische Energie ☐

c) Potenzielle Energie ☐

6) Ein zwei Meter über dem Boden positioniertes Gewehr feuert eine Kugel waagerecht ab. In dem Moment, in dem die Kugel mit 160 Meter/Sekunde die Gewehrmündung verlässt, fällt die Patronenhülse heraus. Was kommt zuerst auf dem Boden auf?

7) Welche subatomaren Teilchen im Atomkern sind positiv geladen?

8) Für welche Entdeckung gewann die LIGO-Kollaboration 2017 den Nobelpreis für Physik?

9) Welche Eigenschaft besitzen Silikon und Germanium, die sie nützlich für die Elektronik macht?

10) Mit welcher Farbe musst du eine Wand streichen, damit sie Licht in den Blau- und Rot-Bereichen des sichtbaren Spektrums absorbiert?

11) Welcher britische Physiker wies 1897 als Erster die Existenz des Elektrons nach?

12) Wie nennt man eine Maschine, die durch die Verbrennung von Treibstoff ein Abgas nach hinten ausstößt, um eine Vorwärtsbewegung auszulösen?

13) Kraft ist gleich Masse, multipliziert um welche Größe?

14) Wenn du eine Badewanne randvoll mit Wasser füllst und einen Goldwürfel von 5 x 5 cm hineinwirfst, wie viel Wasser wird über den Wannenrand laufen?

15) Für was steht „c“ in Einsteins berühmter Gleichung $e=mc^2$?

16) Was bedeutet die Abkürzung LHC?

- **a)** Lepton Heavy Compactor ☐
- **b)** Laser Heating Collimator ☐
- **c)** Large Hadron Collider ☐

17) Raumschiff A ist doppelt so weit von der Erde entfernt wie Raumschiff B. Um wie viel geringer ist die Erdanziehungskraft, der es ausgesetzt ist?

18) Aufgrund welchen Phänomens ändert sich für dich die Tonhöhe der Sirene, wenn ein Krankenwagen an dir vorbeifährt?

19) Was ist Alpha-Strahlung?

- **a)** Teilchen des Heliumkerns ☐
- **b)** Energetische Photonen ☐
- **c)** Neutronen ☐

20) Welche Teilchen sucht der riesige Super-Kamiokande-Detektor in Japan?

PFLANZEN UND TIERE

Unser Planet ist einmalig. Als einziger im Universum beherbergt er intelligentes Leben. Und auch ohne das Monster von Loch Ness und die Yetis ist die Vielfalt erstaunlich! Angefangen bei den ausgestorbenen, bärengroßen Riesenfaultieren und den klugen Krähen, die Autos zum Nüsseknacken verwenden, bis hin zu halluzinogenen Blumen und unverwüstlichen Bärtierchen, die sogar im Weltraum überleben, ist die Welt noch wunderbarer, als wir es uns bewusst sind.

KRYPTOZOOLOGIE

Die Kryptozoologie befasst sich mit merkwürdigen und unbekannten Tieren. Ihr akademischer Name ist Ausdruck des Versuchs, Monsterjäger in Wissenschaftler zu verwandeln. Mit seinem Buch *Sur la Piste des Bêtes Ignorées* (Auf der Spur unbekannter Tiere, 1955) gilt der französische Zoologe Bernard Heuvelmans (1916–2001) als „Vater der Kryptozoologie". In dem Werk werden Kreaturen wie Gorillas, Komododrachen und Okapis beschrieben, deren Existenz die etablierte Zoologie lange als Märchen zurückgewiesen hatte und zuletzt doch anerkennen musste. Heuvelman hoffte, dass streng wissenschaftliche Forschung schließlich zu einer ähnlichen Akzeptanz für Geschöpfe wie Nessi und Yeti führen würde. Zu seinem großen Unglück hat sich die Kryptozoologie im Laufe der Jahre eher zu einer Pseudowissenschaft entwickelt, die in einem Sumpf von Verschwörungstheorien und Falschmeldungen versinkt.

◀ Obwohl das Okapi einem Zebra ähnelt, ist es näher mit der Giraffe verwandt.

▼ Wissenschaftler dokumentierten Komododrachen bzw. -warane erstmals 1910.

RÄTSEL-ANWEISUNGEN

Finde die Namen aller im Gitter aufgeführten Fabelwesen. Ihr Schriftzug kann in jede Richtung verlaufen (auch diagonal und vorwärts oder rückwärts zu lesen sein.

PFLANZEN UND TIERE

R	T	C	U	M	I	N	O	K	A	W	A	Z	W	I
W	A	S	M	D	R	C	H	I	M	A	E	R	E	P
Y	O	U	G	O	S	M	G	T	T	R	N	T	E	V
T	A	L	X	A	K	C	T	E	C	D	A	O	D	U
H	L	A	P	L	S	E	H	Y	C	R	N	O	A	A
I	K	H	Y	E	A	S	L	I	X	Y	D	F	M	R
P	O	K	X	G	R	D	C	E	N	H	I	G	U	F
P	N	L	C	O	B	T	K	B	M	N	B	I	S	G
O	O	A	V	V	A	Z	I	E	W	B	A	B	T	N
K	S	B	M	R	C	M	T	N	L	X	E	T	I	U
A	T	A	L	E	A	I	D	R	G	P	R	M	X	J
M	S	Z	E	N	P	K	N	G	R	E	I	F	B	R
P	H	S	T	N	U	E	I	W	O	Y	R	E	S	E
M	X	Y	N	O	H	C	T	A	U	Q	S	A	S	E
K	P	D	B	D	C	E	H	C	A	R	D	V	D	M

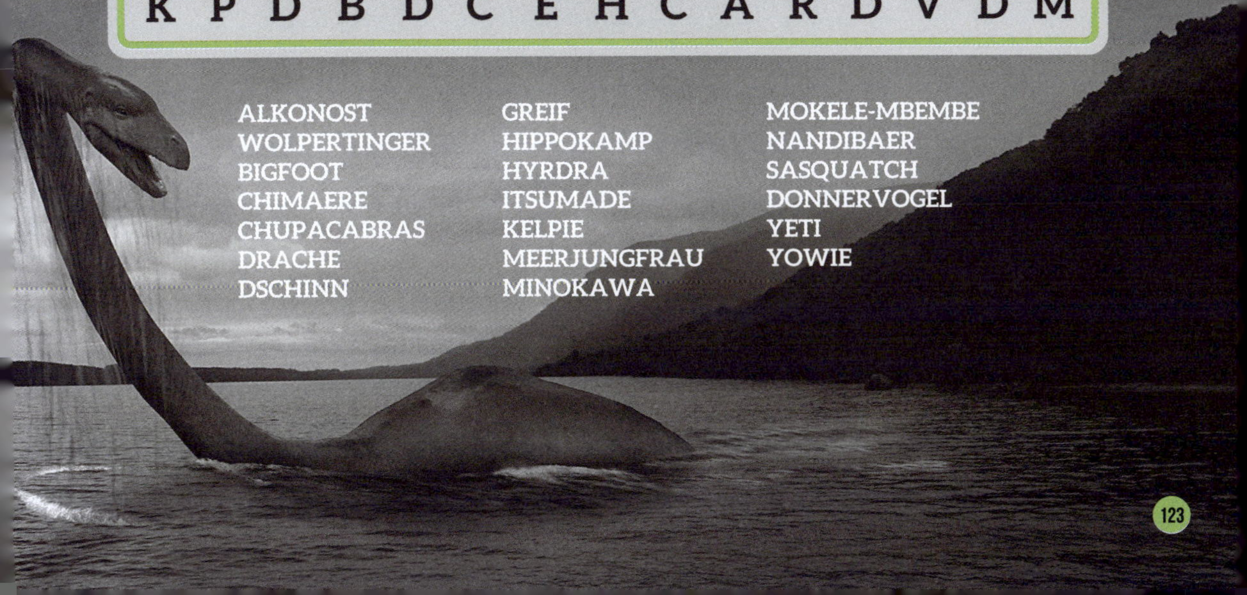

ALKONOST
WOLPERTINGER
BIGFOOT
CHIMAERE
CHUPACABRAS
DRACHE
DSCHINN
GREIF
HIPPOKAMP
HYRDRA
ITSUMADE
KELPIE
MEERJUNGFRAU
MINOKAWA
MOKELE-MBEMBE
NANDIBAER
SASQUATCH
DONNERVOGEL
YETI
YOWIE

WIE VIELE ARTEN GIBT ES AUF DER ERDE?

▲ Carl von Linné, der Vater der modernen Klassifizierungslehre. Sein Körper war der erste, der als *Homo sapiens* beschrieben wurde, also ist er das Typusexemplar für die gesamte Menschheit!

▼ Die Klassifizierungen, in die alle Arten auf der Erde eingeordnet werden.

Eukaryoten haben eine komplexe Zellstruktur, Prokaryoten hingegen sind Einzeller. Seit dem 18. Jahrhundert, als der schwedische Systematiker Carl von Linné (1707–1778) mit der Klassifizierung der Spezies begann, haben Wissenschaftler 1,6 Millionen Eukaryotenarten kategorisiert, doch eine Untersuchung aus dem Jahr 2011 hält es für realistisch, dass es 8,7 Millionen Spezies auf der Erde gibt – darunter ein großer Teil Insekten.

Die Mehrzahl der uns vertrauten Spezies leben auf dem Land, und es wird vermutet, dass 91 % der Seetiere erst noch erfasst werden müssen. Wissenschaftler machen sich Sorgen, dass eine Vielzahl dieser bisher unbekannten Arten aussterben könnte, bevor wir von ihrer Existenz erfahren. Diese Befürchtung scheint durch den rasch fortschreitenden Klimawandel berechtigt.

HIERARCHIE DER BIOLOGISCHEN SYSTEMATIK

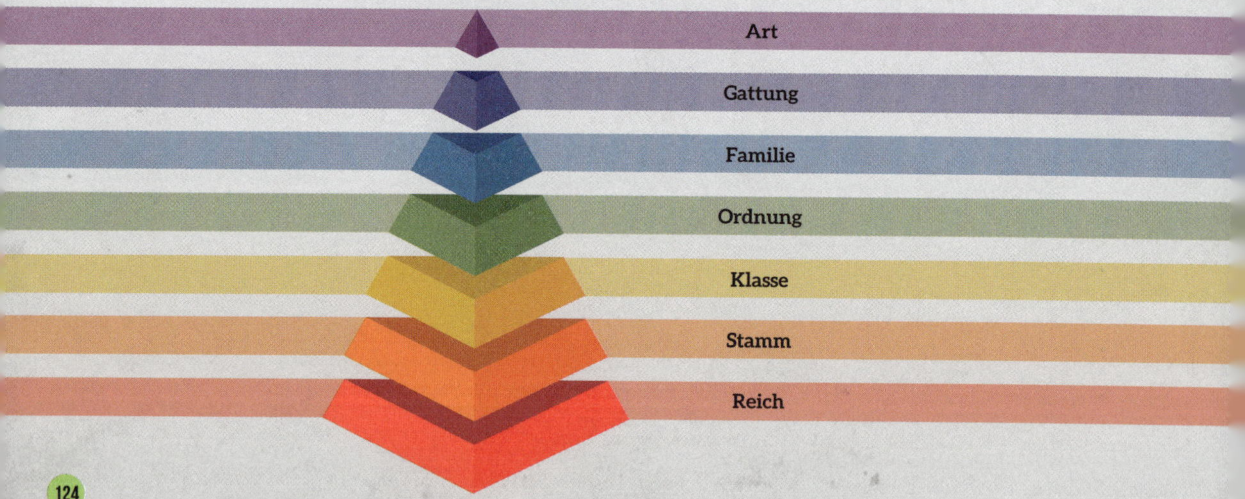

RÄTSELANWEISUNGEN

Finde die unbekannte Kreatur. Schraffiere die Kästchen gemäß der Zahlenangaben am Anfang jeder Zeile oder Spalte. Die Ziffern bezeichnen die Länge der aufeinanderfolgenden zu schraffierenden Zellen. Zwischen zwei Abfolgen schraffierter Kästchen muss immer mindestens eines leer bleiben.

				1						2		2	2	1	1			1	
	1	3		5	6	4		3	2	2	2	2	2	1	2	1	1	3	
1	2	4	6	2	5	2	9	4	5	3	2	1	2	1	2	2	4	2	6
7	6	6	5	4	3	2	1	1	1	1	4	3	1	2	1	1	2	2	7

7
2, 1
2, 2, 1
2, 1, 2, 1
1, 1, 2, 1
2, 1, 2, 2
1, 1, 1, 1
4, 2, 2
5, 1, 2
5, 1, 3
6, 4, 2
5, 3, 2
7, 1
1, 7, 1
3, 1, 3, 1
4, 2, 5, 1
5, 1, 3, 3, 1
6, 3, 5
7, 4, 2
11, 1, 2

DARWINS MONSTER

Manche Organismen leben schnell, sterben früh und produzieren viel Nachwuchs, den sie schon bald sich selbst überlassen. Biologen bezeichnen solche Arten als r-Strategen, weil sie auf eine hohe Reproduktionsrate setzen. Mäuse sind hier das beste Beispiel. Hingegen leben k-Strategen länger, werden größer und investieren mehr Mühe in die Aufzucht ihrer wenigen Nachkommen. Diese Beschreibung passt natürlich am besten auf den Menschen. Es sind unterschiedliche Strategien für evolutionären Erfolg.

Im Jahr 1979 malte sich der Biologe Richard Law ein „darwinisches Monster" aus, das in allen Aspekten optimal angepasst ist, also einen Organismus, der größer, langlebiger, stark an seinen Nachkommen interessiert ist und sich außerdem schnell und zahlreich vermehrt. Solch ein Geschöpf würde schon bald sein Ökosystem dominieren. Doch zum Glück kann es in der realen Welt, in der Lebewesen mit begrenzten Ressourcen haushalten müssen, nicht existieren.

▲ Charles Darwin (1809–1882) galt vielen ebenfalls als Monster, da er die These aufstellte, dass Menschen und Affen gemeinsame Vorfahren haben.

RÄTSEL-ANWEISUNGEN

Setze jeweils 1 bis 2 „Kinder" (Kreise) in das leere Kästchen neben eine „Person" (Hinweiszahl). Die Hinweiszahlen geben die Kinderzahl in den (auch diagonal) angrenzenden Kästchen an. In jedes Kästchen dürfen höchstens 2 Kinder.

2	3	3	2		1
			6		4
4	7		5		
		4		5	5
5	5			4	
		2	2		4

GRENZFALL

Der Schleimpilz ist ein bizarrer Organismus, der in keine gängige biologische Kategorie zu passen scheint. Er kommt als amöbenartiger Einzeller vor, kann sich aber auch mit anderen zusammentun, um eine pilzartige mehrzellige Struktur zu bilden. Wenn zwei Schleimpilze einander begegnen, dann verschmelzen sie gelegentlich zu einer einzigen Zelle, deren Kern sich vervielfacht, während die Zelle immer größer wird, ohne sich zu teilen. Deshalb rüttelt dieser Organismus auf spannende Weise an den Definitionen von Zelle, Individuum und Tier.

RÄTSELANWEISUNGEN

Finde heraus, wie weit sich jeder Organismus im Gitter ausgebreitet hat. Fülle die leeren Kästchen so mit Zahlen, dass jede Ziffer Bestandteil eines durchgehenden Gebiets ebenso vieler Kästchen ist. Gebiete gelten als durchgehend, wenn zwei Kästchen gleichen Wertes direkt aneinanderstoßen – diagonal zählt nicht. Vielleicht hilft es dir, die einzelnen Gebiete zu umranden, um sie leichter voneinander unterscheiden zu können.

		2		3		2	7		
	5			7	3		7		
7	7			2	2	3		7	
		7				1		8	
1			8		2				
5				3		8	5		
7		7	5		3			2	
	1			7			1		
		1	4		1		3		
7			9						9

GIFTPFLANZEN

Pflanzen produzieren Gift als Selbstverteidigung. Viele dieser Substanzen finden Verwendung in Arzneimitteln: So zum Beispiel die schmerzstillenden Eigenschaften von Weide- und Schlafmohnextrakten oder das Herzmedikament, das aus Fingerhut gewonnen wird. Pflanzengifte haben jedoch das Problem, dass sie innerhalb einer Art und manchmal sogar in einer einzigen Pflanze stark variieren. Toxine treten in unterschiedlicher Konzentration in verschiedenen Pflanzenteilen auf – so kommt Rizin in der Rizinuspflanze fast nur in ihren Samen vor, während Strychnin in der Gewöhnlichen Brechnuss in Rinde, Holz und Samen konzentriert ist. Das Wissen darüber, welche Pflanzenteile Gift in sich tragen, ist kostbar, um nicht zu sagen potenziell lebenswichtig.

Die Toxizität variiert außerdem im Verlauf eines Pflanzenlebens – junge Triebe der Amerikanischen Kermesbeere sind essbar, doch die Beeren und Blätter der gereiften Pflanze enthalten giftige Lektine, die Verdauungsbeschwerden verursachen. Die Früchte der Alraune kann man vollreif gefahrlos essen, doch in einem früheren Stadium sind sie außerordentlich gefährlich. Die Alraune gehört wie die Schwarze Tollkirsche, der Stechapfel und das Schwarze Bilsenkraut zu den Nachtschattengewächsen, die besonders reich an Tropan-Alkaloiden wie Atropin, Hyoscyamin und Scopolamin sind.

◀ Der Fingerhut ist nur ein Beispiel für eine gewöhnliche Pflanze, die hochgiftig sein kann. Beim Menschen verursacht sie Übelkeit, Erbrechen und Durchfall. Er wurde in der Vergangenheit von Kräuterkundigen verwendet, um bei der Diät zu helfen, aber davon ist dringend abzuraten!

RÄTSELANWEISUNGEN

Platziere Ziffern zwischen 1 und 9 so in die leeren Kästchen, dass sich pro Zeile, Spalte, eingerahmtem 3 x 3-Gebiet und mit gestrichelten Linien markierten Kästen keine Zahl wiederholt. Die Ziffern in den Kästen müssen die jeweils oben links genannte Summe ergeben.

▶ Alraunenwurzeln und -blätter sind hochgiftig und wirken halluzinogen.

DAS UNVERWÜSTLICHE BÄRTIERCHEN

Bärtierchen oder Wasserbären sind mikroskopisch kleine achtbeinige und unglaublich zähe Wassertierchen, die überall auf der Welt vorkommen. Sie gehören zu den wenigen Organismen, die auch noch in den Antarktischen Trockentälern überdauern, einer der trockensten und kältesten Wüsten der Welt. Bärtierchen überleben einfach die extremsten Bedingungen, etwa kochend heißes Wasser, den Beschuss mit Strahlung und die eisigen Temperaturen im Weltall.

Ein Experiment der Europäischen Weltraumorganisation im Jahr 2008 ergab, dass Bärtierchen sogar unmittelbar im All überleben, wo sie dem gnadenlosen Vakuum und der Strahlung ausgesetzt sind, vor denen uns sonst das Magnetfeld der Erde schützt. Ihr Überleben unter solchen Bedingungen verdanken sie der Kryptobiose, einem todesähnlichen Schlaf, für den sich Bärtierchen zu einem winzigen Ball zusammenrollen, mehr als 95 % ihrer Körperflüssigkeit abgeben und durch eine Art Frostschutzmittel ersetzen, bevor sie 99,99 % ihres Stoffwechsels einstellen.

▼ Das widerstandsfähige und äußerst attraktive Bärtierchen.

1							4		5		2			
2			5		4							2	3	
	5	4	2		4	4	4	2			6			
		3		1	3	4	3		2	3				6
						7			4				7	
5				3				7		4	2		5	
		4	2	3						6	3	3		4
	4		3		6				9	6	3			4
	5	4	3		4	6		8						4
		3		1	2		4		5	3		1		
5	7				2			3	2					
4		4		2	4		4					1	4	
4			5			8				3		4		
		7						6		4			4	3
1			5	4		2		5		4		3	2	

RÄTSELANWEISUNGEN

Bring die Kreatur mit den Ziffern im Gitter zum Vorschein. Schraffiere Kästchen, auch solche, die keine Zahlen enthalten. Jede Ziffer zeigt an, wie viele angrenzende Zellen gekennzeichnet werden sollen. Auch das Kästchen mit der Zahl selbst muss schraffiert werden. Nach der Fertigstellung ergibt sich ein einfaches Bild.

WAS LEBT IN DER ERDE?

Das Deep Carbon Observatory, ein Projekt mit zehnjähriger Laufzeit, kam 2018 zum Abschluss und erbrachte, dass es in der Tiefe der Erde eine Vielzahl unbekannter Lebensformen gibt; die meisten von ihnen Bakterien oder bakterienähnliche Organismen, die man als Archaeen bezeichnet. Vermutlich leben 70 % aller Bakterien und Archaeen unterirdisch in bis zu 5 km Tiefe. Diese Lebensformen überstehen unglaubliche Extreme wie Temperaturen über dem Wassersiedepunkt und einem Druck, mehr als hundertmal so stark wie an der Erdoberfläche. Es wird sogar angenommen, dass einige dieser Zellen zig Millionen Jahre alt sind.

Wie ernähren sie sich? Viele von ihnen finden sich im Sediment der Seeböden und leben wohl von organischen Überresten. Doch Organismen, die tief in der Erdkruste vorhanden sind, könnten sich auch von Kohlenwasserstoffen wie etwa von Erdöl ernähren oder einen ähnlichen Stoffwechsel aufweisen wie die Bakterien, die in den heißen Quellen auf dem Meeresboden existieren und auf Schwefelverbindungen angewiesen sind.

RÄTSEL-ANWEISUNGEN

Finde die Formen der verschiedenen Sedimentbereiche. Schraffiere die Kästchen so, dass um ein Kästchen mit einer Zahl so viele Kästchen frei bleiben, wie diese Zahl angibt. Schraffierte Kästchen dürfen keine Quadrate von 2 oder mehr Feldern umfassen; dennoch müssen sie eine zusammenhängende Fläche ergeben. Diagonale Verbindungen zählen dabei nicht.

									3
					2				
			5						
					13			5	
	1			4					
						3			
				4					
3									

ECHOORTUNG

Echoortung oder Biosonar ist die Verwendung von Tönen zur Orientierung und Navigation im Raum. Bei Fledermäusen ist diese Fähigkeit besonders ausgeprägt. Sie senden Ultraschallklicks aus und nehmen das Echo auf, um damit die Position, Reichweite und Bewegung ihres Zielobjekts zu ermitteln. Die Tiere haben die Echoortung entwickelt, um nachts im Flug all die Insekten zu fangen, die ihr extrem aktiver Stoffwechsel braucht, der sie für den Flug mit Energie versorgt. Die Zwergfledermaus, die nur etwa 3,5 bis 5 cm lang ist, frisst in einer einzigen Nacht 3000 winzige Insekten. Fledermäuse sind jedoch nicht die einzige Art mit Echoortung; Gleiches gilt für Wale, Delfine, Spitzmäuse, einige Vogelarten und sogar für manche Menschen – manche blinden Menschen lernen, sich ebenfalls mit Echoortung zu orientieren.

◄ Zwar sehen Fledermäuse nur wenig, dennoch sind sie exzellente Jäger.

RÄTSEL-ANWEISUNGEN

Wo sind die Fledermäuse? Zeichne sie mit Kreisen in den entsprechenden Kästchen ein. Jede grüne Zelle ist ein Beobachtungsturm, der die Anzahl der Fledermäuse in seiner Zeile und Spalte ortet. Jede Fledermaus hat ihr eigenes Kästchen und kann nicht direkt an ein anderes Tier oder einen Turm angrenzen (auch nicht diagonal). Alle Fledermäuse sind mindestens von einem Turm aus sichtbar.

		2							4
			1						
					0				
2			0						
						1			2
				2					
						2			
4							3		

WER HAT DAS MAMMUT UMGEBRACHT?

Das Wollmammut gehört mit Wollnashorn und Riesenfaultier, Moa und Säbelzahnkatze zur pleistozänen Megafauna. Diese Großtiere begannen vor rund 60.000 Jahren auszusterben. Der Zeitpunkt fällt zusammen mit der Verbreitung des anatomisch-modernen Menschen auf der Welt, und die Vermutung liegt nahe, dass wir für das Aussterben dieser Kreaturen durch Überjagung verantwortlich sind.

Wir wissen nicht, ob diese Hypothese zutrifft. Wahrscheinlich geht die Aussterbewelle nicht alleine auf Jagd zurück, sondern auch auf die Rivalität um Lebensraum und Wasser sowie auf von Menschen verursachten Veränderungen im Ökosystem, etwa die Einführung fremder Arten oder das Abbrennen von Landschaften. Doch ist nach wie vor nicht klar, ob Menschen die alleinige Verantwortung zufällt. Es existieren andere potenzielle Übeltäter, vor allem Klimaveränderungen. Außerdem gibt es Hinweise darauf, dass Menschen und einige Großtiere jahrtausendelang nebeneinander existierten und die Großtiere die Ankunft des Menschen einige Zeit überlebten.

▼ Wie in *Jurassic Park* haben Wissenschaftler Gene des Wollmammuts in das Genom des Elefanten eingebaut. Es gibt Pläne, sie in Sibirien wiedereinzuführen!

RÄTSEL-ANWEISUNGEN

Kannst du alle ausgestorbenen Tiere finden? Suche die Einträge im Gitter, ohne Rücksicht auf Wortzwischenräume und Interpunktion. Sie können in jede Richtung geschrieben sein, auch diagonal und rückwärts.

S	M	A	G	O	L	D	K	R	O	E	T	E	G	N
N	R	A	G	I	B	A	L	I	T	I	G	E	R	R
S	B	U	M	H	Q	U	A	G	G	A	I	H	R	O
M	A	E	U	N	O	D	O	T	P	Y	L	G	Y	H
I	E	R	I	E	S	E	N	H	I	R	S	C	H	S
L	R	O	R	L	D	R	H	S	O	Q	S	M	S	A
O	R	C	E	L	S	I	I	L	M	D	O	D	O	N
D	E	H	H	E	Y	X	P	E	E	A	K	O	Q	L
O	G	S	T	Z	R	R	S	R	S	N	M	T	H	L
N	I	E	A	A	S	N	F	E	O	E	B	M	G	O
P	T	T	G	G	R	H	C	W	E	T	N	A	U	W
E	A	U	E	E	B	Z	S	F	P	N	O	A	E	T
V	V	E	M	T	T	A	R	P	A	N	E	D	L	R
P	A	F	L	O	W	L	E	T	U	E	B	R	O	K
V	J	N	Q	R	B	L	A	U	B	O	C	K	Z	N

AUEROCHSE
BALITIGER
BLAUBOCK
HÖHLENBÄR
DIPROTODON
DODO
RIESENHIRSCH
MEGATHERIUM
GLYPTODON
JAVATIGER
RIESENALK
MAMMUT
WOLLNASHORN
QUAGGA
ROTE GAZELLE
SEENERZ
SMILODON
TARPAN
BEUTELWOLF
GOLDKROETE

SCHLAUE KRÄHEN UND SCHARFSINNIGE PAPAGEIEN

Vögel haben kleine Gehirne, doch verfügen sie über bemerkenswerte Intelligenz. Gute Beispiele sind japanische Aaskrähen, die Nüsse auf die Straße legen und warten, bis Autos sie zerdrücken, Grünreiher, die Entenfutter als Fischköder verwenden, und Blaumeisen, die herausgefunden haben, welche Milchflaschendeckel sie aufpicken müssen, um an die fetthaltigste Milch zu kommen.

Im Labor erwiesen sich Papageien und Rabenvögel (zu denen auch die Krähe gehört) als die schlausten. In Experimenten haben sich Krähen geschickter angestellt als achtjährige Kinder. Sie fertigten einen Drahthaken, um an Leckerbissen heranzukommen. Einem Afrikanischen Graupapagei namens Alex konnte die Harvard-Psychologin Irene Pepperberg 100 Worte und die Bedeutung von „gleich", „verschieden" und „null" beibringen.

RÄTSEL

Drei Vögel wurden dabei beobachtet, sich vor den Häusern an unterschiedlichen Milchflaschen zu bedienen: eine Blaumeise, ein Rotkehlchen und eine Amsel. Jeder Vogel bevorzugt einen anderen Milchtyp mit einem jeweils andersfarbigen Deckel. Die Sorten sind Magermilch (1% Fett), fettarme Milch (2% Fett) und Vollmilch (4% Fett) und ihre Deckel sind rot, blau und silber.

1) Die Blaumeise bedient sich nicht an der fettesten Milch und auch nicht an der mit dem silbernen Deckel.

2) Keiner der Vögel trinkt aus einer Flasche, bei der die ersten beiden Buchstaben der Deckelfarbe mit den ersten beiden Buchstaben ihres Namens übereinstimmen.

3) Die Milch, an der die Amsel interessiert ist, enthält doppelt so viel Fett, wie jene, die das Rotkehlchen bevorzugt.

Welcher Vogel trinkt welche Milch mit welchem Deckel?

....

ÜBERFISCHUNG UND LEERE OZEANE

Die Industriefischerei hat schrecklichen Tribut von den Ökosystemen des Meeres und ihren Arten gefordert. Eine Biomassenanalyse von 2014 ergab, dass sich Raubfische (die Menschen überwiegend essen) in den zurückliegenden 100 Jahren um Zweidrittel reduziert haben, wobei der Großteil dieses Rückgangs – 54 % – im Laufe der letzten 40 Jahre erfolgte. Der WWF-Report von 2015 bestätigt, dass sich der Bestand von marinen Wirbeltieren, also von Fischen, Schildkröten, Vögeln, Walen, Delphinen und Robben, von 1970 bis 2010 halbiert hat. Im gleichen WWF-Bericht wird darauf hingewiesen, dass die Bestände von Tunfisch, Makrelen und Bonito im selben Zeitraum um 74 % gefallen sind. Manche Arten wie Nordkaper, Lederschildkröte und Blauwale haben um 90 % oder mehr abgenommen.

Die UN gibt an, dass 90 % der weltweiten Fischereizonen ausgefischt oder überfischt sind. Solche Zahlen lassen es wenig überraschend, wenn auch nicht weniger verstörend erscheinen, dass gemäß der Ellen Macarthur Foundation bis 2050 mehr Plastik als Fisch in den Meeren schwimmen wird. Manche Experten prognostizieren, dass dieser massive Raubbau an Biomasse und Raubfischen katastrophale Auswirkungen ungeahnten Ausmaßes auf die globale Ökologie haben wird – so könnte etwa der Nährstoffkreislaufs zwischen den verschiedenen Meeresschichten gestoppt und damit ein ganzer Ozean zu einer Wasserwüste gemacht werden.

RÄTSEL-ANWEISUNGEN

Wirf deine Angelleinen in die richtige Richtung, um die Meeresgebiete nicht zu überfischen. Ergänze jedes der leeren Kästchen um einen Pfeil, der für eine Angelschnur steht, und gib ihm eine horizontale, vertikale oder diagonale Richtung. Die Pfeile müssen so platziert werden, dass auf jedes Kästchen die in ihm genannte Anzahl von Pfeilen weist.

	4	8	3	3	
	4	2	2	2	
	1	3	0	4	
	2	3	3	3	

DIE ÄLTESTEN BÄUME DER WELT

Als weltweit ältester Baum galt bis vor kurzem Methuselah, eine Langlebige Kiefer in den White Mountains von Kalifornien, mit 4.850 Jahren. Dieser Rekord wurde ihm kürzlich von einem Nachbarn gleicher Art entrissen, dessen Alter 2013 mit 5.062 Jahren ermittelt wurde. Die Bestimmung des höchsten Alters ist aber schwierig, weil in manchen alten Bäumen wie etwa Eiben ältere Baumbereiche verloren gehen und nur jünger erhalten bleiben. In anderen Fällen sind die Bäume klonal, was bedeutet, dass der gesamte oder ein Teil des Baums der Klon eines älteren Originals ist. So wird von der Llangernyw-Eibe, die auf einem Friedhof in Nordwales steht, behauptet, dass sie entweder 5.000 Jahre oder „nur" 1.500 Jahre alt ist. Eine abschließende Datierung ist unmöglich, weil der eigentliche Baum in der Mitte inzwischen fehlt und lediglich einen Ring aus Nachkommen zurückgelassen hat.

Alte klonale Bäume sind beispielsweise der Old Tjikko, eine Gemeine Fichte in Schweden mit einem Wurzelsystem, das auf 9.000 Jahre datiert wird, auch wenn der eigentliche Stamm nur 1.000 Jahre alt ist, sowie eine Zitterpappel-Kolonie mit dem Namen Pando in Utah/USA, deren Gesamtalter auf 40.000 Jahre geschätzt wird, obwohl manche ihrer einzelnen Bäume nur einige Jahrzehnte alt sind.

RÄTSELANWEISUNGEN

Taste dich durch die Jahresringe des Baumes von einer Seite des Stammes zur anderen vor. Finde deinen Weg, indem du oben beim Start anfängst und unten beim Ziel endest.

DAS PFLANZEN- UND TIER-QUIZ

PFLANZEN UND TIERE

1) Welche Art Bäume verliert im Winter seine Blätter?

2) Welche der nachfolgenden Pflanzen ist eigentlich kein Gemüse?

a) Tomate ☐
b) Brokkoli ☐
c) Kartoffel ☐
d) Sellerie ☐

3) Welcher Elefant hat einen Rüssel mit nur einem Finger und kleinere Ohren, der Asiatische oder der Afrikanische?

4) Welche der nachfolgenden Pflanzen ist eine Blütenpflanze?

a) Eiche ☐
b) Moos ☐
c) Seetang ☐
d) Tanne ☐

5) Welches Tier würde einen 100-m-Sprint gewinnen: Thunfisch, Tiger oder Elefant?

6) In welchem Land leben Lemuren?

7) Welcher Nährstoff wird von Leguminosen wie Klee und Luzerne aus der Atmosphäre gelöst und in die Erde geführt?

8) Zu welchem Tierstamm gehören Schnecken, Austern und Kraken?

9) Welche drei Zutaten benötigen Pflanzen, damit sie fotosynthetisieren können?

10) Welches Tier kann man an Land der Antarktis, auf den Galapagos-Inseln und in Südafrika antreffen?

11) Welcher Kohlenwasserstoff verschafft Pflanzenzellen eine widerstandsfähige Zellwand?

12) **Zu welcher Tierfamilie gehören Menschen?**

13) **Wie heißen die männlichen Teile einer Pflanze?**

a) Staubblätter

b) Fruchtblätter

c) Narbe

14) **Welche der folgenden Kreaturen ist am engsten mit dem Elefanten verwandt?**

a) Spitzmaus

b) Tapir

c) Erdferkel

d) Seekuh

15) **Welche der nachfolgenden Pflanzen ist im botanischen Sinn keine Beere?**

a) Banane

b) Tomate

c) Granatapfel

d) Erdbeere

e) Kiwi

16) **Wie bezeichnet man eine Gruppe von Gänsen?**

a) Schwarm

b) Schar

c) Schoof

17) **Wie heißt der Echidna umgangssprachlich?**

18) **Wie heißt die Pflanze, der wir das Herzmedikament Digitalis verdanken?**

19) **Ein männlicher *Onthophagus taurus* kann das bis zu 1.140-fache seines Eigengewichts ziehen und ist damit das stärkste Insekt. Wie wird er genannt?**

20) **Wie heißt das größte einheimische Landraubtier Australiens?**

DER WELTRAUM

Auf der Erde gibt es noch viel zu entdecken, doch im angebrochenen Jahrhundert wird der Mensch seinen Blick mit zunehmender Dringlichkeit gen Himmel richten. Wir erwarten bemannte Flüge zum Mars und Weltraumkolonie und lernen mehr über die Geheimnisse des Universums. Und vielleicht auch die Antwort auf die alleraufregendste Frage … ist da draußen noch irgendwer?

DIE WELTRAUMSCHLEUDER

Wir denken, dass im All die Gravitation plötzlich aufhört und dass der Astronaut in völliger Schwerelosigkeit umherschwebt. Tatsächlich befindet man sich in der Internationalen Raumstation aber auf einer Umlaufbahn um die Erde und erlebt noch immer 90 % der Erdanziehungskraft. Die Astronauten in der ISS wirken deshalb „schwerelos", weil sie im freien Fall in Richtung Erde sind, wie bei einem Fallschirmsprung aus enormer Höhe. Es kommt nur deshalb zu keinem fatalen Aufprall, weil sie ständig den Boden verfehlen!

Dinge in einer Umlaufbahn sind die Verwirklichung der Kanonenfantasie von Isaac Newton (1642–1726). In einem Gedankenexperiment wies Newton 1687 darauf hin, dass ein aus einem Geschütz horizontal abgefeuertes Projektil eine gekrümmte Flugbahn aufweist, die es zurück zur Erde bringt. Je schneller die Kugel beim Verlassen der Kanone sei, umso weiter fliege sie, bevor sie wieder auf den Boden treffe. Sei das Geschoss schnell genug, würde es die Erde umrunden, bis es erneut bei der Kanone anlange und einschlüge. Auf diesem Prinzip basiert die orbitale Raumfahrt: Astronauten, Satelliten und andere Objekte werden auf eine Geschwindigkeit beschleunigt, die es ihnen gestattet, immer über den Horizont zu fallen; erst wenn sie bremsen, knallen sie zurück auf die Erde.

Damit eine Kanonenkugel unseren Planeten umkreist, müsste sie eine Geschwindigkeit von ca. 26.000 km/h erreichen. Der Mond andererseits ist viel kleiner als die Erde, verfügt über geringere Anziehungskraft und keine Atmosphäre. Eine Hochgeschwindigkeitskugel, die 1.200 m/Sek. zurücklegt, würde den Mond umkreisen … und dann den Schützen in den Hinterkopf treffen.

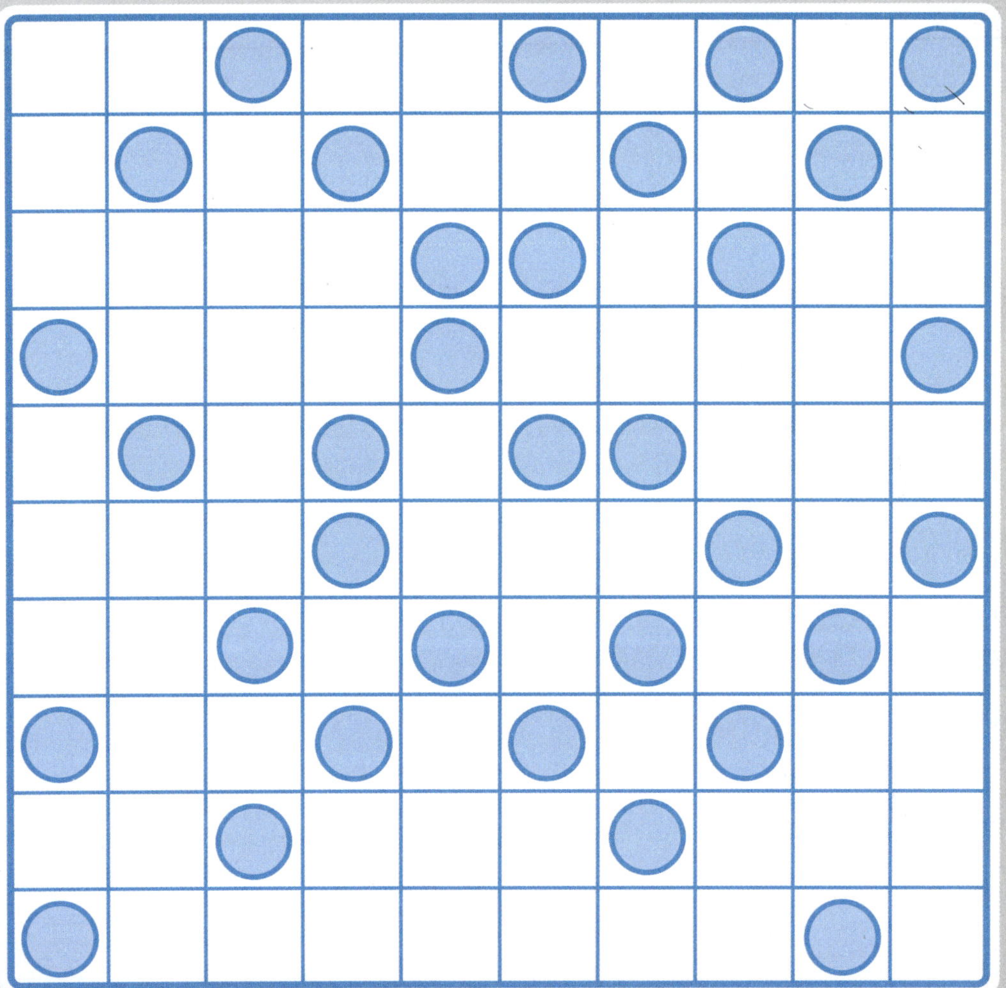

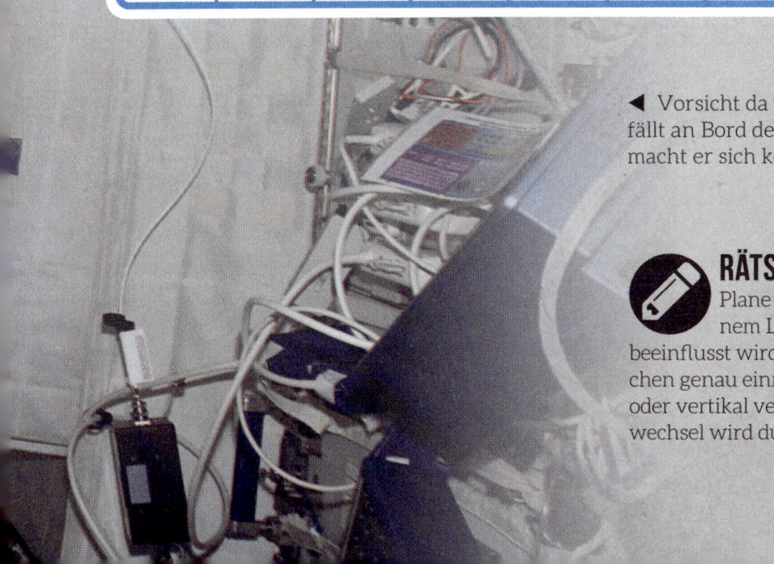

◀ Vorsicht da unten! Astronaut John Phillips fällt an Bord der ISS zügig zur Erde. Offenbar macht er sich keine besonderen Sorgen.

RÄTSELANWEISUNGEN

Plane den Weg eines Objekts, das in seinem Lauf von den umgebenden Planeten beeinflusst wird. Zeichne eine Linie, die jedes Kästchen genau einmal passiert und dabei horizontal oder vertikal verläuft. Jeder zweite Richtungswechsel wird durch einen Planeten angezeigt.

WARUM IST DIE ERDE NICHT WIE MARS ODER VENUS?

Mars, Venus und die Erde sind Felsenplaneten, die in einem Bereich um die Sonne kreisen, in dem es Wasser gibt. Tatsächlich vermuten Wissenschaftler, dass irgendwann einmal Wasser auf dem Mars existierte und dass auch die Venus sehr viel gastlicher war.

Doch auf Mars und Venus hat sich das Klima radikal gegensätzlich entwickelt: Der Mars hat heute eine extrem dünne Atmosphäre und ist kalt und trocken, während auf der Venus die Atmosphäre aus saurem Giftgas so dicht ist, dass ihr Druck 92 mal höher ist als der auf der Erde. Ihre Oberfläche ist heißer als die des Merkurs und erreicht Temperaturen, die Blei zum Schmelzen bringen.

Warum unterscheiden sie sich so sehr von der Erde? Der kleine Mars hat eine schwache Gravitation und konnte sich seine Gashülle nicht bewahren. Außerdem erzeugt der Metallkern unseres Planeten ein Magnetfeld, das unsere Atmosphäre vor schädlicher Strahlung schützt. Die Plattentektonik der Erde hält Kohlenstoff in einem beständigen Kreislauf zwischen Boden und Atmosphäre und sorgt für eine lebensfreundliche Schutzschicht aus Treibhausgasen in der Atmosphäre. Auf dem Mars reagierte in seiner frühen Geschichte Kohlendioxid mit Wasser und Gestein, und ohne Vulkane, die Gas zurück in die Atmosphäre schleudern könnten, blieb der Kohlenstoff für alle Zeiten weggeschlossen.

Die Venus hat das umgekehrte Problem: Möglicherweise deshalb, weil sie ein klein wenig zu nah an der Sonne ist, verblieb Wasser als Dampf – ein wirkungsvolles Klimagas – in der Atmosphäre und trieb die Temperaturen in die Höhe. Das sorgte wiederum dafür, dass sich massiv Kohlenstoff aus dem Felsgestein löste und einen unkontrollierbaren Treibhauseffekt mit Oberflächentemperatur von bis zu 477° C bewirkte.

◥ Auf dem Mars herrscht eine Durchschnittstemperatur von -63° C.

◀ Die Venus ist nicht nur unerträglich heiß, ihr Tag ist außerdem länger als ein Erdenjahr: 243 oder 224 Erdtage.

							5				5	5							
					2	2	2		2	1				3					
			2	2	2				2				3			7			
		4	4								1		7	4	4		4		
				4			5					5							
			4	4		5		3				4	4		1			2	
	4				6		6		3								4	2	
2	2		4	5	6									11					
5		6			4		1											9	
					4										9			5	
			4				1							1	4		5	5	
				5	1												4		
5	3				7														11
								8	8	7									
	3	3															2	5	
									4								2		
		3	2				4	2								2	2		
			2	2	2			2						3		3			
					2	2		3				2	2	2					
							3	4			4	2							

RÄTSELANWEISUNGEN

Füge die Fragmente zusammen, um ein himmlisches Bild zu erhalten. Verbinde Zahlen zu Paaren mit identischen Werten. Die Zahl gibt an, wie viele Kästchen der Weg zwischen dem Zahlenpaar durchqueren muss (einschließlich seines Start- und Endpunkts). Die Strecken dürfen nur horizontal oder vertikal und immer nur jeweils durch ein Kästchen verlaufen. Sobald die Routen eingezeichnet sind, schraffiere die durch sie vorgegebenen Flächen, um das verborgene Bild zu

DIE SUCHE NACH EXOPLANETEN

Bis vor Kurzem war die Vorstellung, man könne außerhalb unseres eigenen Sonnensystems Planeten finden, die Sterne umkreisen, Science-Fiction. Doch seither wurden fast 4.000 sogenannte Exoplaneten entdeckt, und die Existenz von 3.000 weiterer wird stark vermutet.

Seit der Entdeckung von Exoplaneten in den 1990er Jahren hat sich ihre Zahl ungefähr alle 27 Monate verdoppelt. Astronomen finden Exoplaneten, indem sie das winzige charakteristische Taumeln beim Rotieren eines Sterns messen, das durch den Gravitationseinfluss eines umkreisenden Planeten entsteht. Oder sie nehmen das minimale Verblassen eines Sterns wahr, das ein zwischen uns und dem Stern vorüberziehender Planet hervorruft. Aus diesen kleinsten Beobachtungen können Astronomen tatsächlich Entfernungen und Planetenmassen errechnen. Solche Daten wiederum geben Aufschluss über die Planeten-Eigenschaften und seine wahrscheinliche Oberflächenbeschaffenheit. Es ist sogar möglich, das Licht, das durch die exoplanetare Atmosphäre strahlt, zu analysieren und daraus direkt auf deren chemische Struktur zu schließen.

RÄTSEL-ANWEISUNGEN

Finde die Größe der verschiedenen Planeten auf Basis der angegebenen Daten heraus. Schreibe 1 bis 6 je einmal in jede Zeile und Spalte des Gitters. Platziere die Ziffern so in den Kästchen, dass jede Hinweiszahl außerhalb des Felds für die Zahlen steht, die von diesem Punkt aus „sichtbar" sind, wenn man an der jeweiligen Zeile oder Spalte entlang schaut. Eine Ziffer gilt als sichtbar, wenn ihr keine höherwertige vorangeht. Zum Beispiel sind in „216435" 2 und 6 von links erkennbar, doch 1 ist durch 2 verdeckt und der Rest der Ziffern durch 6.

	2	3		5			
4							
4							
				2	6		

WIR SIND STERNENSTAUB

Abgesehen von einigen Produkten radioaktiven Zerfalls, von Kernexplosionen und hochenergetischer Teilchenkollision, ist jedes Atom, aus dem die Erde und alles auf ihr beschaffen ist, viel älter als die Erde oder das Sonnensystem. Die einfachsten Atome wie Wasserstoff, Helium und Lithium könnten als Urknallprodukte über 13 Milliarden Jahre alt sein. Alles andere, angefangen beim Sauerstoff, den du atmest, bis zum Goldring, den du trägst, entstand im Zuge der Nukleosynthese.

Bei diesem Vorgang wurden leichtere Elemente mit so gewaltiger Kraft zusammengepresst, dass sie zu schwereren Atomkernen verschmolzen. Diese durchliefen ebenfalls Kernfusionen, bis schließlich alle Elemente im Periodensystem entstanden. Nukleosynthesen von Elementen bis hin zum Eisen ereignen sich im Inneren aller Sterne (die größer sein können als unsere Sonne); Elemente, deren Ordnungszahl größer als die von Eisen ist, bilden sich nur in Supernovae und in Kollisionen von Neutronensternen. Die Atome, aus denen die Erde verschmolz, stammen aus einer Scheibe aus Staub und Gas, die auch der Ursprung der Sonne und anderer Planeten war. Die Scheibe setzte sich zusammen aus den Überbleibseln früherer Sterne, die explodiert waren und sich aufgelöst hatten. Somit sind alle unsere Atome ursprünglich von anderen Sternen übriggeblieber Staub.

WELTRAUM

RÄTSELANWEISUNGEN

Finde heraus, wie die jeweiligen Partikel zerfallen, wobei das schwerste Element ganz oben in der Pyramide steht. Vervollständige die Zahlenpyramide, indem du in jeden leeren Stein eine Zahl einträgst, so dass jeder Stein den Wert der beiden hat, die unmittelbar unter ihm sind.

934							
	513						
			158				
		24					
				18			
					9	12	15

MARSMISSION

RÄTSEL-ANWEISUNGEN

Ermittle die Wasserquellen aus den gegebenen Messwerten. Ordne einigen der Kästchen Brunnen zu. Die Zahlen geben die Menge von Reservoires in den – auch diagonal – angrenzenden Kästchen an. Pro Kästchen darf es nicht mehr als eine Wasserquelle geben.

Die NASA hat sich zu einem Forschungsprogramm verpflichtet, das in einer bemannten Marsmission gipfeln soll. Allerdings könnte es sein, dass der SpaceX-Gründer Elon Musk zuerst dort eintrifft, weil seine Firma eine gewaltige Rakete mit genau diesem Ziel entwickelt.

Doch das wird nicht einfach: Als Erstes wäre da die Entfernung; auch dann, wenn Mars und Erde gerade nahe beieinander stehen, würde die Reise 6–8 Monate dauern (Musk behauptet, seine Rakete könne es in 80 Tagen und in Zukunft sogar noch schneller schaffen). Für eine kleine Mannschaft, zusammengepfercht auf engem Raum, stellt das Vorhaben eine psychologische Herausforderung dar. Auch in körperlicher Hinsicht ist die Mission problematisch, denn die geringe Anziehungskraft schwächt Muskulatur und Skelett, und die Astronauten sind potentiell tödlicher Strahlung ausgesetzt. Um auf dem Mars eine Basis zu errichten, müssen sie praktisch alles mitnehmen, was sie für ihr Überleben brauchen. Aus dem Eis des Mars könnte man vielleicht Wasser und Treibstoff gewinnen, doch um auf dem Mars Kolonien zu errichten, sind neue Technologien für den Strahlenschutz, den Ausgleich der geringen Schwerkraft, die Speicherung von Sonnenlicht und für die Produktion von Nahrungsmitteln erforderlich.

	2			1		3	
3		2		2	3		
			4		5		3
						4	2
2		4	4				1
	1			5			1
		2				4	
	1	1	1		3		

DIE GRÖSSE DES UNIVERSUMS

Entfernungen im Weltall sind, nun ja, astronomisch, und um sie leichter zu benennen, verwenden Astronomen Einheiten, die viel größer sind als Kilometer. Da die Geschwindigkeit von Licht im Vakuum eine Konstante darstellt, sind Lichtjahre eine gute Maßeinheit. Ein Lichtjahr ist die Entfernung, die Licht in einem Jahr zurücklegt. Da Licht im Vakuum des Weltraums mit 300.000 km/Sek. außerordentlich schnell unterwegs ist, schafft es innerhalb eines Jahres fast 9,5 Billionen Kilometer.

Proxima Centauri, unser von der Erde aus gesehen nächster Nachbarstern, ist über 40 Billionen Kilometer entfernt, die nächste Spiralgalaxie außerhalb unserer eigenen Milchstraße, die Andromedagalaxie, ungefähr 2,4 x 10^{19} km. Diese Entfernungen mit Lichtjahren zu bezeichnen, ist weniger sperrig: Von der Erde zu Proxima Centauri sind es 4,25 Lichtjahre und zur Andromedagalaxie 2,5 Millionen Lichtjahre. Heute wird der Durchmesser des beobachtbaren Universums auf 93 Milliarden Lichtjahre geschätzt.

◀ Unser freundlicher Nachbar, die Andromedagalxie.

RÄTSEL-ANWEISUNGEN

Kartiere die verschiedenen Spiralgalaxien in der Sternenkarte. Folge den gepunkteten Linien, um das Gitter in Bereiche zu unterteilen. Jeder Bereich muss genau einen Kreis enthalten und in der Form symmetrisch sein, damit er bei einer 180°-Drehung um den Kreis noch genauso aussieht.

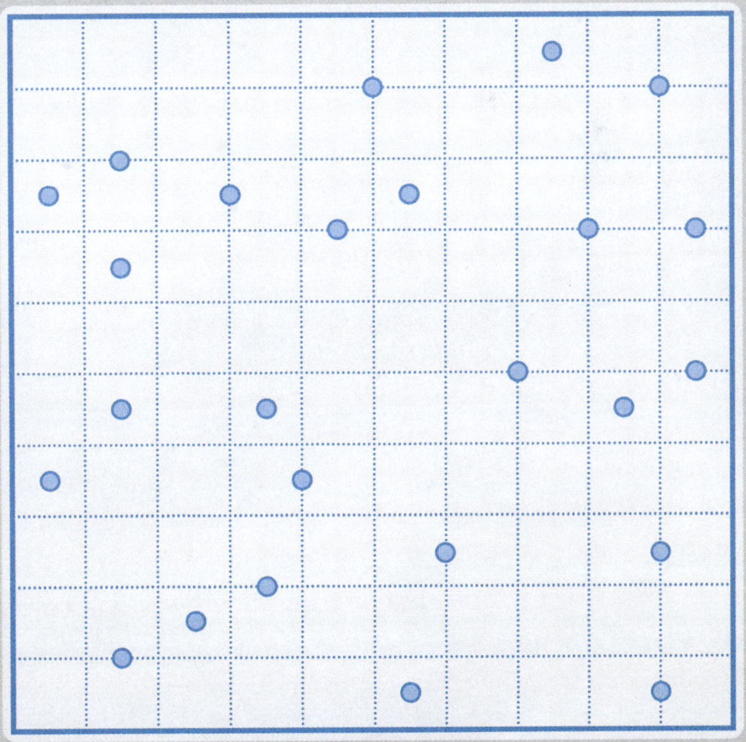

ZUTATEN FÜR EIN UNIVERSUM

Obwohl Wissenschaftler Hunderte subatomarer Teilchen entdeckt und in der Zeit zurück bis zum Urknall geblickt haben, bleibt der größte Teil unseres Universums ein Geheimnis. Wir wissen, dass alle für uns erfassbare Materie und Energie nur fünf Prozent des Universums ausmachen. Von der Art, wie Galaxien sich drehen und wachsen, können wir schließen, dass es Materie- und Energieformen geben muss, mit denen wir nicht vertraut sind. Weil diese offenbar nicht durch die elektromagnetischen Kräfte beeinflussbar sind, mit denen wir sie dank unserer Detektortechnologie „sehen" könnten, bezeichnen Wissenschaftler sie als Dunkle Materie und Dunkle Energie. Die angenommene Rotationsgeschwindigkeit und die Beschleunigung der kosmischen Expansion lassen vermuten, dass ungefähr 68 % des Universums Dunkle Energie, 27 % Dunkle Materie und nur 5 % aus Material beschaffen sind, über das wir Kenntnisse haben.

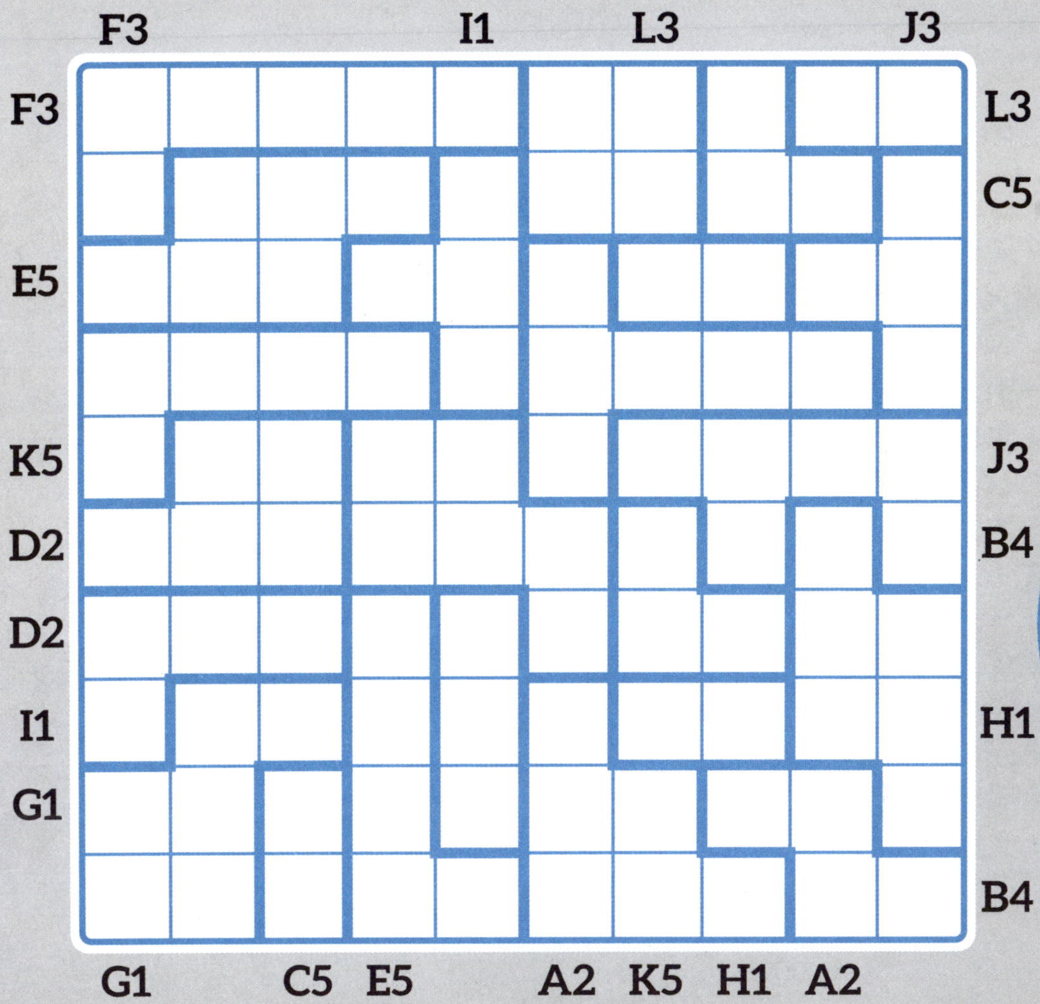

RÄTSELANWEISUNGEN

Finde heraus, wo sich reale Materie in Form von Spiegeln befindet und bedenke, dass die meisten Kästchen mit Dunkler Materie gefüllt sind und leer scheinen. Zieh diagonale Linien durch bestimmte Kästchen, wobei nur genau ein Spiegel pro dick umrandeten Region enthalten sein darf. Die Platzierung der Spiegel muss so erfolgen, dass ein Laserstrahl, der von einem Buchstaben abgeschossen wird, auf der anderen Seite des Gitters genau beim gleichen Buchstaben herauskommt. Die Zahlen geben an, an wie vielen Spiegeln der Strahl auf seinem Weg durch das Feld abprallt.

DER URKNALL

In den 1920er-Jahren bediente sich der amerikanische Astronom Edwin Hubble (1889–1952) eines Lichttricks, um die Geschwindigkeit weit entfernter Galaxien zu messen. Er kam zu dem erstaunlichen Schluss, dass Galaxien nicht nur in unglaublichem Tempo durch das Weltall fliegen, sondern sich auch voneinander entfernen. Mit anderen Worten, das Universum dehnt sich aus. Das gleiche Phänomen implizierten auch Einsteins Gleichungen der allgemeinen Relativitätstheorie. Und der belgische Priester und Physiker Georges Lemaître (1894–1966) fand: Wenn sich das Universum ausdehnt, dann muss es an einem einzigen Punkt angefangen haben.

Lemaître bezeichnete den theoretischen Anfangspunkt des Universums als Uratom. Der allseits bekannte Begriff „Urknall" geht allerdings zurück auf den britischen Astronomen Fred Hoyle (1915–2001), der damit die Theorie des Belgiers auf einen griffigen Punkt brachte. Lemaître selbst sprach von „einem kosmischen Ei, das im Moment der Entstehung des Universums explodierte". Die Entstehung von Zeit und Raum sah er poetisch als ein „Tag ohne Gestern".

▶ Das Hubble-Teleskop wurde 1990 ausgesetzt und war das erste optische Teleskop im Weltraum.

▼ Fred Hoyle, der den Begriff Urknall prägte, auch wenn er die Theorie gering schätzte. Er starb, ohne sie jemals akzeptiert zu haben.

RÄTSELANWEISUNGEN

Färbe das innere der Spirale so, dass ein verborgenes Weltraumobjekt sichtbar wird. Am besten beginnt man außen, um nicht versehentlich Bereiche außerhalb der Spirale zu schraffieren.

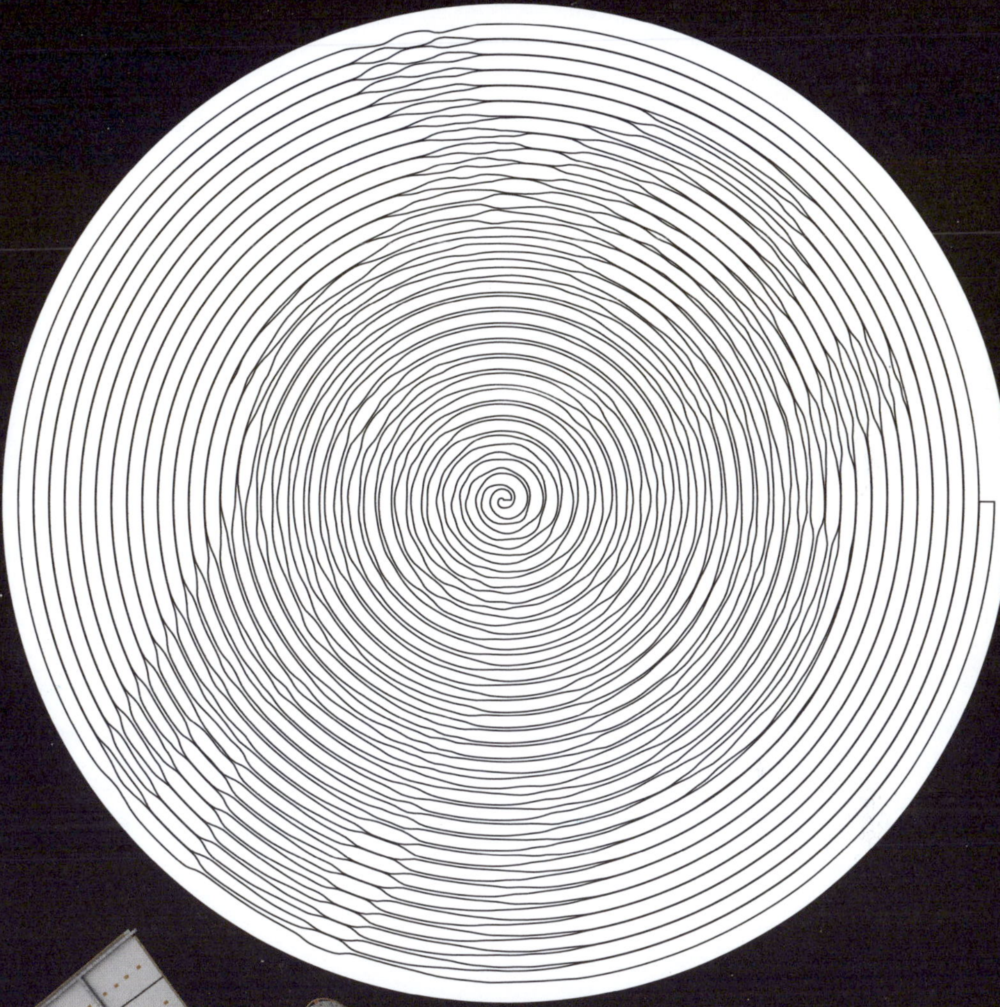

SCHWARZE LÖCHER

In einem Schwarzen Loch ist die Gravitation so stark, dass sie jegliche Materie und Energie zu einem einzigen Punkt unendlicher Dichte einschrumpft, „Singularität“ genannt. Die gewaltige Schwerkraft der Singularität zieht alles an, das den „Ereignishorizont“ – die Schwelle – überschreitet. Weil Licht nicht herausdringen, von nichts reflektiert werden oder auch nur über die Schwelle hinweg kann, ist es jenseits von ihr absolut dunkel – deshalb Schwarzes Loch.

Für Laien sind Schwarze Löcher verwirrend und geheimnisvoll. Was passiert, wenn man in eines hineinfällt? Kommt die Materie an einer anderen Stelle wieder heraus? Auch Kosmologen brüten über den Geheimnissen dieser Erscheinungen. Stephen Hawking (1942–2018) und andere haben gezeigt, dass der Ereignishorizont eines Schwarzen Lochs Teilchen abstrahlen kann und damit letztlich die Auflösung des Schwarzen Lochs bewirkt – ein Paradoxon, denn wenn sich in das Schwarze Loch hineingefallene Informationen mit diesem auflösen, dann wiederspricht dies dem unumstößlichen Gesetz der Massenerhaltung. Kosmologen versuchen noch immer, die diese Zusammenhänge erklären.

RÄTSELANWEISUNGEN

Finde deinen Weg vom Labyrintheingang zum Schwarzen Loch im Zentrum.

DAS SCHICKSAL DES UNIVERSUMS

Inzwischen wissen wir, dass das Universum mit einem Urknall begann – doch wie wird es enden? Wird es überhaupt enden?

Ursprünglich vermuteten Kosmologen, dass die Dichte der Materie gegenüber der Expansionskraft den determinierenden Faktor darstelle. Sollte die Gravitationskraft größer sein als die Expansionskraft, dann könne der kosmische Raum nur in einer Art umgekehrtem Urknall kollabieren. Doch wenn die ewige Expansion größer sei, dann dehne sich das Universum für alle Zeit immer weiter aus. Für den Fall, dass die beiden Kräfte gleich groß seien, müsse die Ausbreitung an irgendeinem Punkt in der unendlichen Zukunft gegen null gehen.

Doch weil ein Großteil des Universums aus Dunkler Energie besteht, wird es nur noch komplizierter. Die Dichte der Dunklen Energie scheint in der Expansion gleich zu bleiben, doch wir wissen zu wenig über sie, um Vorhersagen treffen zu können. Falls Dunkle Energie den Expansionsdruck auf das Universum anwachsen lässt, könnte in einem „großen Zerreißen" jegliche Materie, angefangen bei Galaxien und Sternen bis hin zu Atomen und subatomaren Teilchen, letztlich zerfetzt werden.

RÄTSEL-ANWEISUNGEN

Manche Teile des Weltraums sind und bleiben unvorstellbar. Platziere Zahlen zwischen 1 und 9 so in jedes leere Kästchen, dass sie sich weder in einer Zeile oder Spalte noch in einem umrandeten 3 x 3-Bereich wiederholen. Schattierte Kästchen müssen frei bleiben und stehen für die fehlenden Zahlen in ihren Zeilen, Spalten oder 3 x 3-Bereichen, die du ansonsten erwarten würdest.

7	2		1	5				
		6			4	9	7	
			2			5	3	
		5		8	7			
								1
9		8		2		6		3
						7	6	
3	4	1			8			
				7			1	

DAS WELTRAUM-QUIZ

1) Welcher Planet hat eine heißere Oberfläche: Venus oder Merkur?

2) Welcher der nachfolgenden Planeten ist kein Gasriese?

a) Jupiter ☐
b) Neptun ☐
c) Pluto ☐

3) Die Sehkraft welchen Weltraumteleskops wurde durch eine Space-Shuttle-Mission 1993 wiederhergestellt?

4) Welche der nachfolgenden Strukturen kann man nicht mit dem bloßen Auge von der ISS aus sehen?

a) die Chinesische Mauer ☐
b) den Grand Canyon ☐
c) das Great Barrier Reef ☐

5) Wo im Sonnensystem stößt man auf den Großen Roten Fleck?

6) Neil Armstrong und Buzz Aldrin waren als Erste auf dem Mond. Wer war der dritte Teilnehmer an der Apollo-11-Mission?

7) Welche Planeten des Sonnensystems sind bekannt für ihre Ringe?

8) Welcher dieser Sterne ist der Erde am nächsten?

a) Sirius ☐
b) Proxima Centauri ☐
c) Barnards Pfeilstern ☐

9) Welches ist das am weitesten verbreitete Element im Universum?

10) Wie heißt die Schwelle, hinter der nichts der Gravitation Schwarzer Löcher entkommen kann?

11) Wo im Sonnensystem findet man den Berg Olymp, das Erythräische Meer, die Hellas-Tiefebene und die Mariner-Täler?

12) Welche Art astronomischer Körper hat ihren Ursprung vermutlich im Kuipergürtel?

13) Wer entdeckte den Uranus?

14) Wo findet man die Oortsche Wolke?

15) Welches Ereignis hat 2006 einen Planeten verschwinden lassen?

16) Wo würde ein Apfel, den man aus zwei Metern Höhe fallenließe, den Boden zuerst berühren, auf dem Mars oder auf der Erde?

17) In welcher Konstellation findet sich der Stern Beteigeuze?

18) Bei welchem kosmischen Ereignis blieb der Krebsnebel zurück?

19) Wo findet man Fotla Corona, Baltis Vallis und Ishtar Terra?

20) Ein Pulsar ist ein rotierendes, hochgradig magnetisiertes astronomisches Objekt, aber welche Art von Objekt ist er?

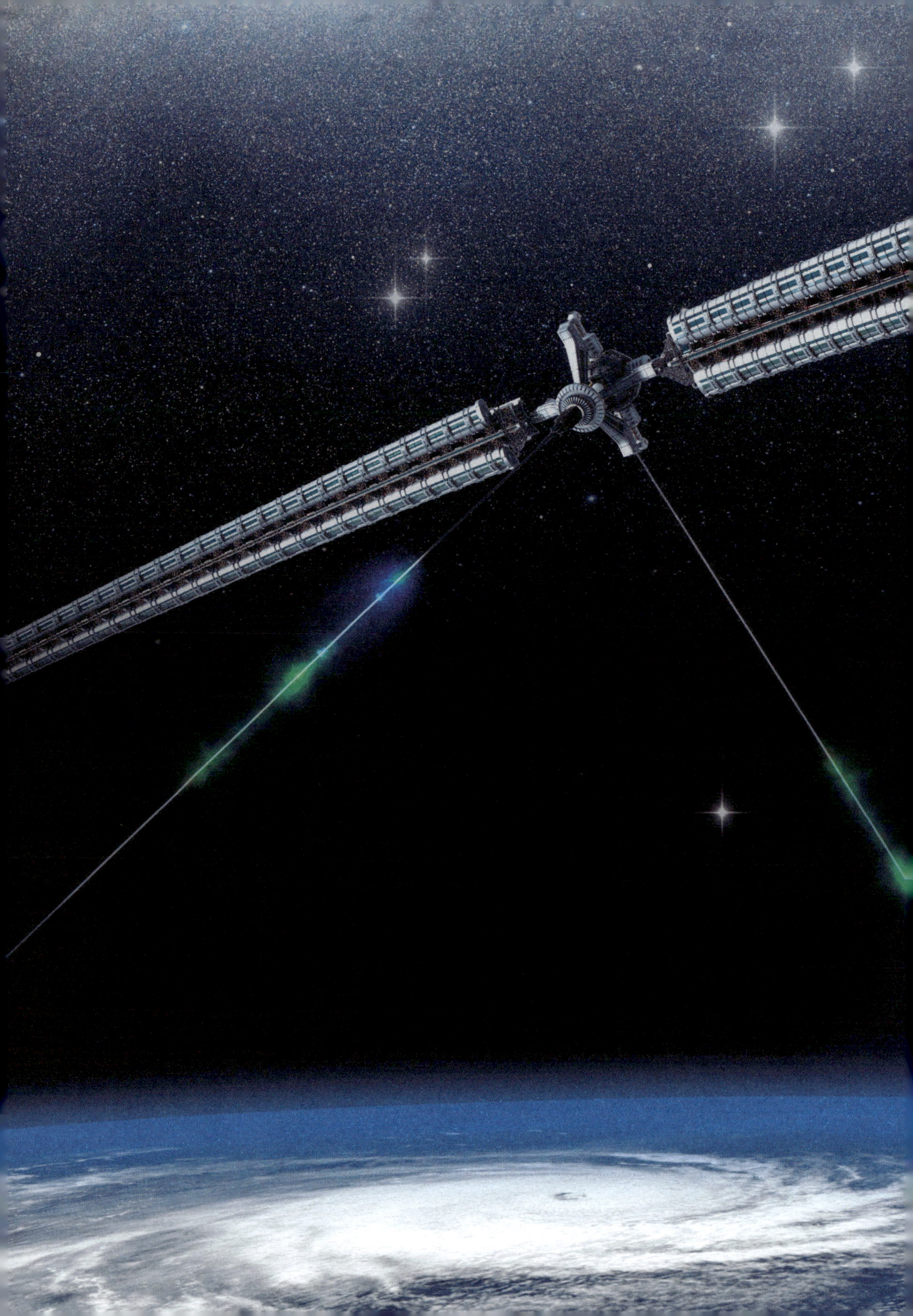

TECHNOLOGIE

Für Jahrtausende war der technologische Fortschritt der Menschheit nicht erwähnenswert; es ging vor allem um die Fertigung primitiver Werkzeuge. Doch zuletzt hat sich die Entwicklung rasant beschleunigt, und Computer versprechen ein sogar noch schnelleres Vorankommen. Ob dabei eine dystopische Hölle nach Art von *Black Mirror* herauskommt oder nur jeden Monat ein neues Apple-Gerät, auf jeden Fall wird das 21. Jahrhundert von technologischen Veränderungen geprägt sein.

SECHS EINFACHE MASCHINEN

▼ Räder sind auch heute noch so unverzichtbar, wie sie es früher waren. Die früheste Abbildung eines Fahrzeugs mit Rädern ist 8000 Jahren alt und stammt aus dem heutigen Syrien.

▶ Faustkeile waren bereits in der Steinzeit als Werkzeuge in Gebrauch, und auch heute noch nutzen indigene Gemeinschaften Keile aus Hirschgeweih.

Eine Maschine ist ein Gerät, mit der Arbeit verrichtet wird – im technischen Sinn bedeutet „Arbeit" die Umwandlung von Kraft. Eine einfache Maschine ist ein Werkzeug mit einem einzigen oder keinem beweglichen Teil, das eine Arbeitserleichterung bewirkt, indem es eine über große Entfernung (auf die eine oder andere Weise) eingesetzte Kraft auf eine kurze Distanz konzentriert und sie deshalb vergrößert oder vervielfacht.

Die Griechen der Antike kannten sechs Grundtypen einfacher Maschinen: das Rad, den Hebel, die schiefe Ebene, die Rolle, die Schraube und den Keil. Tatsächlich sind die letzten drei Maschinen Variationen der ersten drei; eine Schraube etwa ist eine schiefe Ebene, die zu einer Spirale eingerollt wurde.

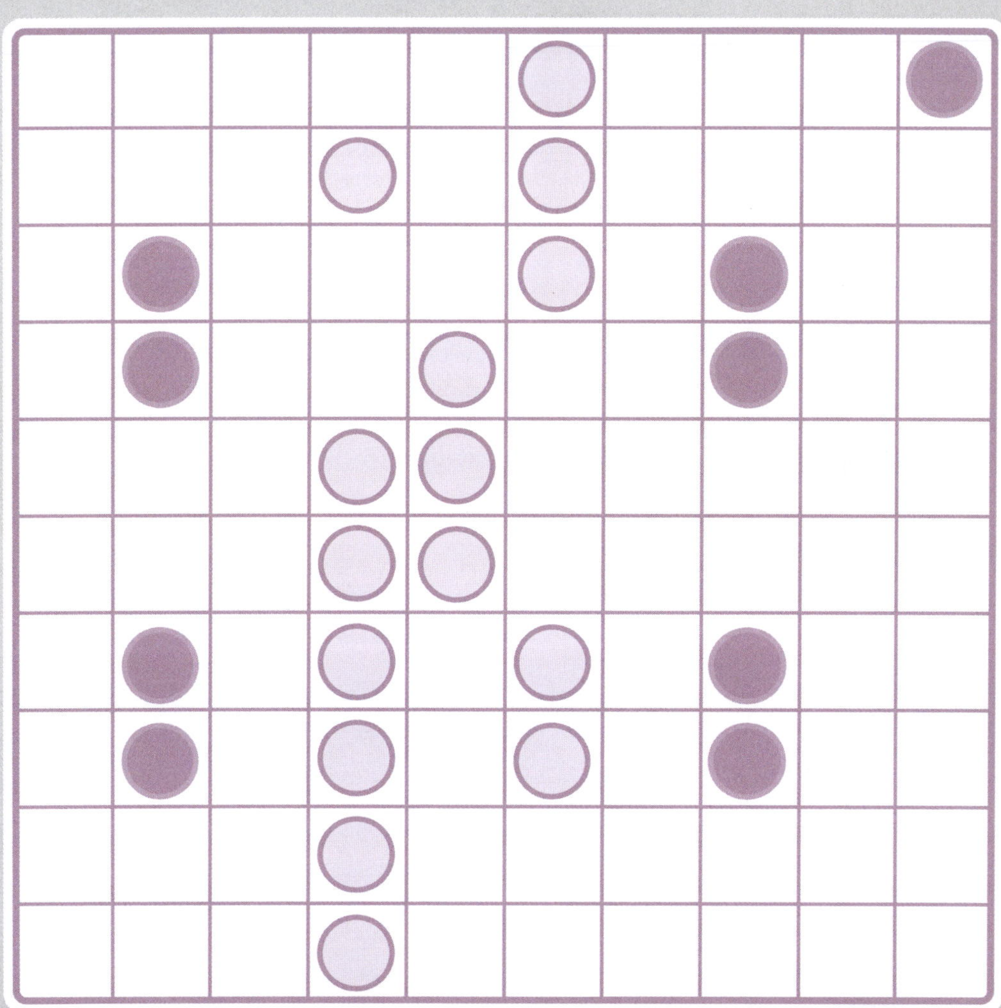

RÄTSELANWEISUNGEN

Ein Flaschenzugseil windet sich und läuft über verschiedene Rollen. Lege es horizontal und vertikal so aus, dass es mitten durch die eingezeichneten Rollen läuft. Richtungsänderungen sind nur im 90°-Winkel erlaubt. In weißen Kreisen darf das Seil nicht abknicken (allerdings davor oder dahinter). In rosa Kreisen muss das Seil um 90° abknicken (muss davor und dahinter aber gerade verlaufen). Das Seil darf jedes Kästchen nur ein Mal durchqueren.

DYSON-SPHÄREN

Die Dyson-Sphäre ist eine hypothetisch-futuristische Konstruktion, die auf den Physiker Freeman Dyson (1923–2020) zurückgeht. Eine fortgeschrittene Zivilisation, so Dyson, die die Energie ihrer Sonne optimal nutzen wolle, würde sie schließlich mit einem Mantel aus Solarzellen umgeben und so eine vollständige Hülle oder eine Kugel um die Sonne bauen. Diese Hypothese wiederum liefere die Basis für die Suche nach intelligentem außerirdischem Leben, da ein solches Konstrukt das Aussehen eines Sterns weithin sichtbar verändern würde.

In einem solchen stellaren Strahlungsprofil gäbe es nur ein schwaches Infrarotlicht, das die Existenz einer solchen Sphäre beweise und damit auch intelligentes Leben anderenorts im Universum.

▲ Dyson kam auch auf die Idee, einen Baum auf einem Kometen wachsen zu lassen, um dort Leben aufrechtzuerhalten – der „Dyson-Baum" ist inzwischen ein klassisches Science-Fiction-Sprachbild.

▶ Das ist es, worum es uns geht, nur viel größer!

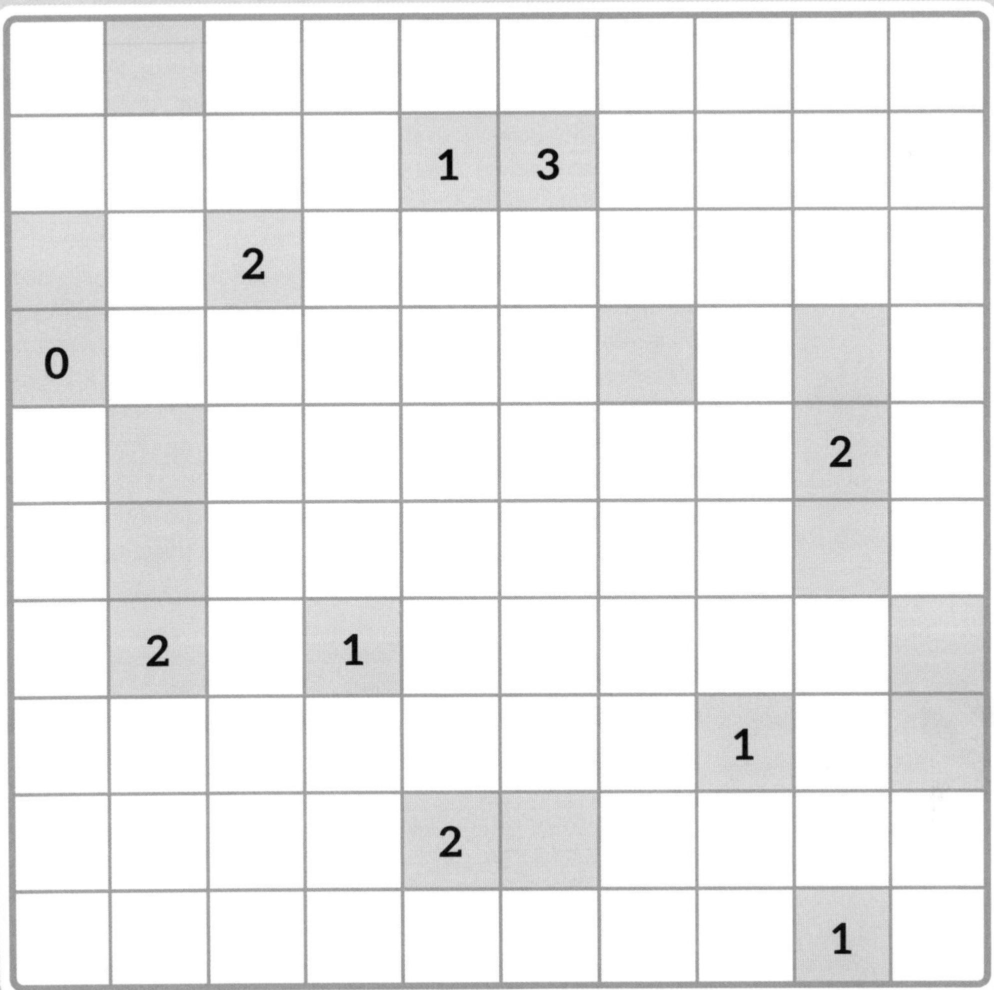

RÄTSELANWEISUNGEN

Finde anhand der Hinweise heraus, wie die Leuchtkörper am besten zu platzieren sind, damit ihr Licht das Gitter erhellt. Alle leeren Kästchen müssen beleuchtet werden; dazu kannst du Lampen in einige von ihnen setzen. Eine Lampe erhellt alle Kästchen in ihrer Zeile und Spalte bis hin zum nächsten rosafarbenen Kästchen. Lampen dürfen sich nicht gegenseitig anstrahlen. Die Nummern in einigen der Kästchen geben die Anzahl der Lampen in (nicht diagonal) angrenzenden Kästchen an. Nicht alle Lampen sind auf diese Weise angegeben, aber alle rosa Kästchen sind bereits eingetragen.

DER WELTRAUMLIFT

Eine Rakete, die Objekte in den Weltraum befördern will, braucht Treibstoff, um ihr eigenes Gewicht zu heben. Leider wird das Fahrzeug umso schwerer, je mehr Treibstoff es mitnimmt. Eine Lösung dieses Problems würde Weltraumreisen erheblich einfacher und kostengünstiger machen. Ein futuristischer Vorschlag ist ein Aufzug, der an einem Kabel bis in eine orbitale Höhe gelangt.

Gespannt bliebe das Seil durch ein Gegengewicht, das an seinem äußeren Ende bis hinter den geostationären Orbit reicht – man kann es sich vorstellen wie einen Wassereimer, den man an einer Schnur schwingt. Wenn das Gegengewicht die Erde in einer Entfernung von 95.000 km umkreise, könne eine große Plattform auf halber Strecke ungefähr auf der Höhe der Internationalen Raumstation errichtet werden. Der Ausgangspunkt des Seils befände sich am Äquator. Die größte Herausforderung eines solchen Unterfangens besteht in der Tatsache, dass gegenwärtig kein Material existiert, das eine ausreichende Zugfestigkeit aufweist, aber zugleich leicht genug ist, um nicht unter seinem Eigengewicht zu kollabieren.

RÄTSEL-ANWEISUNGEN

Errichte eine Reihe unterschiedlich hoher Aufzugtürme. Platziere die Ziffern 1 bis 7 in jede Zeile und Spalte des Gitters. Die äußeren Hinweiszahlen geben an, wie viele Ziffern sichtbar sind, wenn man aus ihrer Richtung die Zeile oder Spalte entlang blickt. Eine Ziffer gilt als sichtbar, wenn keine höhere in der Reihe oder Spalte den Blick darauf verstellt. Zum Beispiel sind bei „214756" 2, 4 und 7 von links sichtbar, doch 1 wird von 2 verstellt und alle anderen von 7.

				3		4		
5								
								3
								3
								6
4								2
		6		4	3	1	2	

GEHEIMNISVOLLER ZEMENT

Zement ist ein Mörtel, der Steine miteinander verbindet oder, vermischt mit Kies und anderen Zuschlägen, Beton erzeugt. Die Römer nutzten Vulkanasche, um damit Puzzolane anzumischen, der sogar unter Wasser zum Einsatz kam. Das Geheimnis um die Herstellung wasserfesten Betons ging für Jahrhunderte verloren, wurde erst im Mittelalter wiederentdeckt und fand schließlich Eingang in die Erfindung des Portlandzements durch Joseph Aspidin (1778–1855). Sein Zement wurde ebenfalls unter Wasser fest, was anschaulich bewiesen wurde, als ein Schiff mit zementgefüllten Fässern vor der englischen Küste sank. Die Behälter mit dem nun hart gewordenen Zement wurden geborgen und für den Bau eines Pubs genutzt.

RÄTSELANWEISUNGEN

Setze die gegebenen Blöcke so in das Gitter, dass alle Kästchen gefüllt sind. Dabei kannst du sie drehen, aber nicht spiegeln. Vier gleichfarbige Zellen müssen jeweils eine zusammenhängede Fläche einer der Formen ergeben, wie sie unten abgebildet sind. Andernfalls dürfen sich gleiche Farben nicht berühren.

DIODEN UND TRANSISTOREN

Computer funktionieren, indem sie Informationen als binäre Bits darstellen und mit einem Logikgatter verarbeiten. Mit anderen Worten, es werden Informationen gespeichert, die entweder „an“ oder „aus“, „offen“ oder „geschlossen“ sind. Eine elektronische Version eines solchen Apparats – ein Schaltelement, das die Übertragung von Elektrizität zulässt oder blockiert – wurde 1904 von dem britischen Ingenieur John Fleming entwickelt. Dieses erste Schaltelement bezeichnete er als Diode, weil es zwei Elektroden enthielt; später entwickelte er auch Trioden. Flemings Dioden (oder Röhren) ähnelten Glühbirnen – sie waren klobig, brauchten viel Strom und waren unzuverlässig.

Die ersten Röhrencomputer, die in den 1940er Jahren gebaut wurden, waren riesige Maschinen. Das Aufkommen von Halbleiterwerkstoffen ermöglichte 1947 die Entwicklung von Transistoren – im Wesentlichen ein leichtes Festkörper-Schaltelement mit geringem Stromverbrauch, das weiter verkleinert werden konnte und das Zeitalter der Microchips einleitete.

RÄTSEL

Jede logische Verknüpfung muss auf ein Paar leuchtender Segmente (also die weißen Segmente, aus denen sich die Zahlen zusammensetzen) angewandt werden:

- & = logisches UND: Segmente leuchten nur, wenn sie es bei beiden Inputs tun
- + = logisches ODER: Segmente leuchten, wenn sie es in mindestens einem der beiden Inputs tun
- x = logisches AUSSCHLIESSENDES ODER: Segmente leuchten nur, wenn sie es in einem der Inputs tun, aber nicht, wenn sie es in beiden tun

Nachfolgend ein Beispiel, damit du siehst, wie es funktioniert:

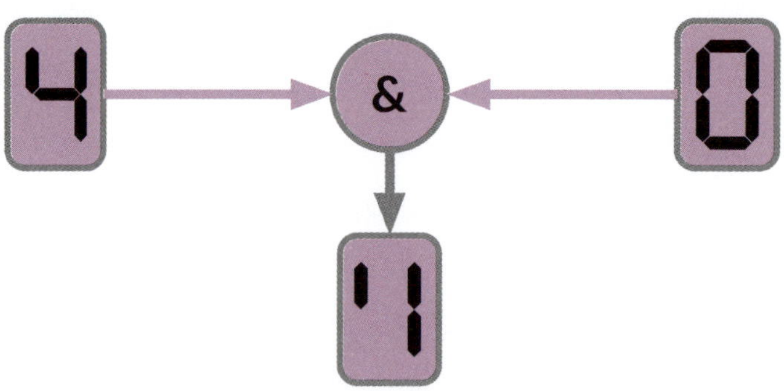

Nur die Segmente, die 4 und 0 gemeinsam haben, gelangen aufgrund des logischen UND in den Output.

◢ Dieses Elektrodenschaltelement wurde 1904 von John Fleming (1849–1945) entwickelt.

RÄTSEL-ANWEISUNGEN

Entschlüssele die Mitteilung, indem du die Umwandlungen durch das Logikgatter auf die Inputdaten anwendest. Was verbirgt das Logikgatter? Folge den Pfeilen und wende die logischen Verknüpfungen an, um es herauszufinden!

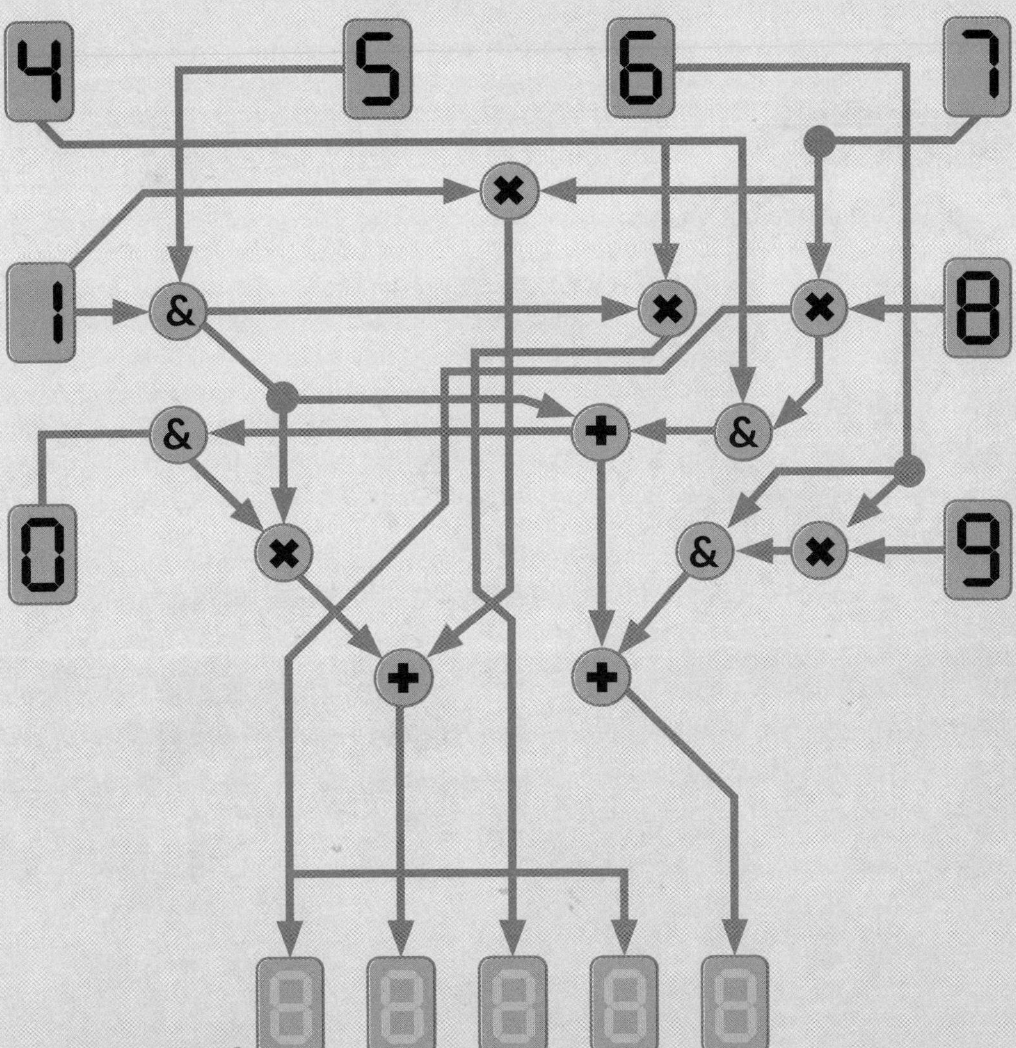

4
5
6
7
1
8
0
9

DER TURING-TEST

Der englische Mathematiker Alan Turing (1912–1954) war ein Pionier der Computertheorie. Er bewies, dass Computer vielfältige komplexe Probleme lösen können. Damit provozierte er Spekulationen über intelligente Maschinen und wurde oft gefragt, ob er an eine solche Entwicklung glaube. Turing wies die Frage als sinnlos von sich und beharrte darauf, man könne lediglich wissen wollen, ob eine Maschine intelligent *erscheine*. Nur wenn ein Mensch im Gespräch mit einer Maschine diese faktisch nicht mehr von menschlicher Intelligenz unterscheiden könne, dürfe man die Maschine als intelligent bezeichnen. Er schlug einen Test vor, der heute nach ihm benannt ist: Menschliche Anwender sollen sich über die Antworten, die sie aus einem Chatprogramm erhalten, herausfinden, ob ihr Gegenüber eine menschliche oder künstliche Intelligenz ist.

▲ Alan Turing, Kriegsheld und Computergenie, erhält schließlich die Anerkennung, die er verdient.

▶ Das Aussehen stimmt, aber reicht auch der Verstand?

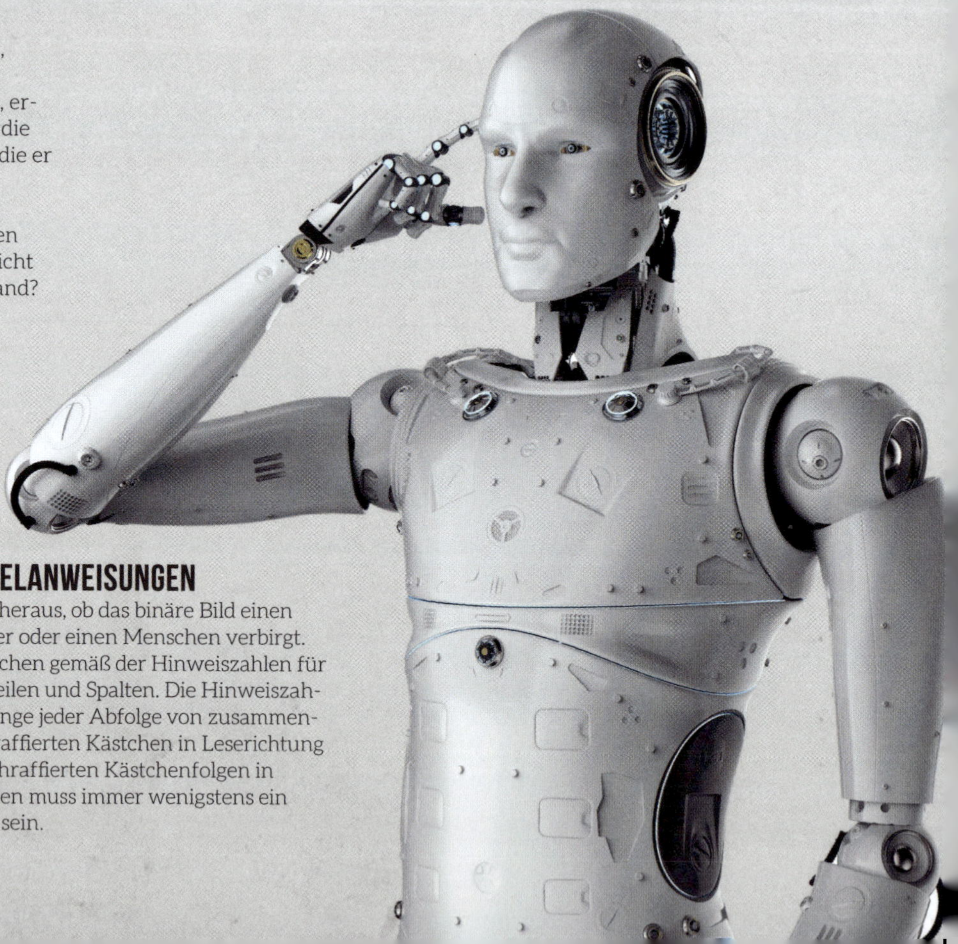

RÄTSELANWEISUNGEN

Finde heraus, ob das binäre Bild einen Roboter oder einen Menschen verbirgt. Schraffiere Kästchen gemäß der Hinweiszahlen für die jeweiligen Zeilen und Spalten. Die Hinweiszahlen geben die Länge jeder Abfolge von zusammenhängenden schraffierten Kästchen in Leserichtung an. Zwischen schraffierten Kästchenfolgen in Zeilen und Spalten muss immer wenigstens ein leeres Kästchen sein.

Column clues (left to right):

- 3
- 1
- 2, 5
- 6, 2, 1, 2
- 1, 1, 1, 5
- 1, 1, 1, 1, 1, 5
- 1, 2, 1, 1, 2, 1, 2
- 3, 4, 1, 1
- 1, 1, 1, 4, 2, 1
- 1, 1, 2, 1, 1, 1, 1, 2
- 1, 1, 1, 5
- 6, 2, 5
- 2, 5, 2
- 1
- 3

Row clues (top to bottom):

- 3
- 1
- 9
- 1, 1
- 2, 1, 1, 2
- 2, 2, 2, 2
- 1, 1
- 9
- 2
- 2
- 9, 1
- 2, 2, 1
- 3, 1, 1, 3
- 1, 1, 5, 1
- 1, 1, 1
- 11
- 2, 2
- 4, 4
- 4, 4
- 2, 2

WIE VIEL WIEGT EINE E-MAIL?

Dank Einsteins berühmter Gleichung – $E=mc^2$ – wissen wir, dass Energie Masse besitzt, wenn auch nur sehr wenig. Das bedeutet, dass elektronische Darstellungen von Dingen – wie Computersoftware, Bilddateien und das Internet selbst – ein Gewicht haben. Berechnungen ergeben, dass das gesamte Internet ca. 50 g und damit ungefähr so viel wie eine große Erdbeere wiegt. Doch die Berechnung ist schwierig.

Als Erstes muss man wissen, dass die physische Darstellung einer Information in einem Computer als elektrische Ladung in einem Kondensator vorliegt. Falls das Bit 1 ist, ist der Kondensator mit ca. 40.000 Elektronen geladen. Eine typische E-Mail enthält in der Regel Informationen von um die 50 Kilobyte. Ein Byte sind 8 Bit und ein Kilobyte 1.024 Byte, also umfasst eine typische E-Mail ungefähr 409.600 Bits. Doch nur die Bits, die 1 sind, haben auch eine Ladung; und geschätzt sind die Hälfte der Bits 1, also besteht die E-Mail insgesamt aus 204.800 x 40.000 und damit aus 8 Milliarden Elektronen. Ein Elektron wiegt nicht sehr viel: ungefähr 9.109×10^{-31} kg oder etwa 10^{-27} g. Damit haben wir die Angaben für die Berechnung des E-Mailgewichts: 8 Milliarden $\times 10^{-27}$ g $= 8 \times 10^{-18}$ g. Folglich wiegt eine E-Mail in etwa 8 Trillionstel eines Gramms oder 0,000.000.000.000.000.008 g.

▼ Die Erdbeere enthält allerdings weniger Katzen-GIFs als das Internet.

RÄTSEL-ANWEISUNGEN

Ermittle das Gewicht der verschiedenen Objekte unter Zuhilfenahme der Waage. Die Bilder zeigen drei im Gleichgewicht befindliche Waagen, auf denen sich vier unterschiedliche Formen befinden. Jede Form hat ein anderes Gewicht, und die leichteste Form wiegt 2 kg. Welches Gewicht haben dann die vier anderen Formen?

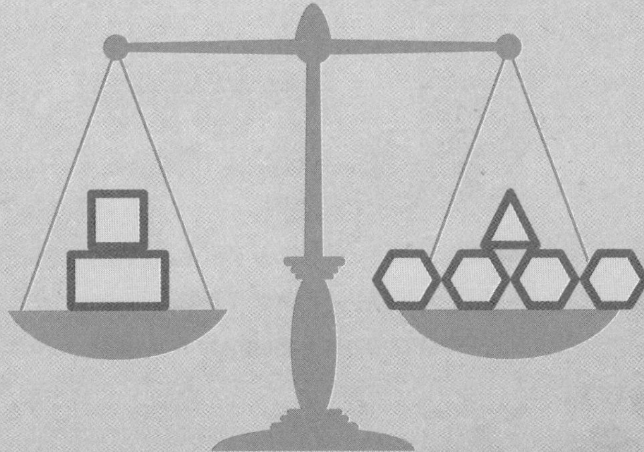

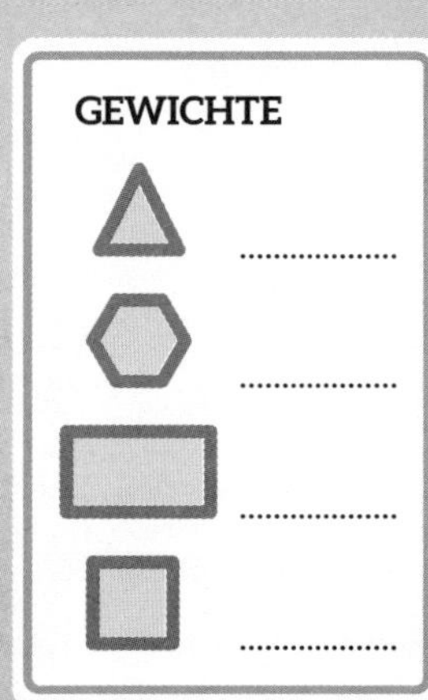
GEWICHTE

BIONIK

In der Bionik geht es um die Übertragung von Naturphänomenen auf die Technik. Es gibt zahlreiche Beispiele für Naturtechniken, die alles von Menschen gemachte übertreffen. Etwa kann das menschliche Herz bis zu vier Milliarden Mal oder noch länger schlagen, bevor es erschöpft ist und aufhört zu funktionieren. Die Evolution konnte natürliche Designs über Jahrmilliarden und in ungezählten Durchläufen vervollkommnen.

Deshalb haben Ingenieure sich schon immer an der Natur ein Vorbild genommen und tun es heute mehr denn je. Ein bekanntes Beispiel ist der Klettverschluss, mit seinen mikroskopisch kleinen Haken und Ösen. Den Erfinder Georges de Mestral (1907–1990) hatten die Kletten im Fell seines Hundes zu dieser Entwicklung inspiriert.

◀ Klettverschlüsse sind für das Leben im Weltraum unverzichtbar. Sie werden verwendet, um Gegenstände an Wänden zu befestigen, Raumanzüge zu verschließen und sogar für Streifen, an denen sich die Astronauten die Nase kratzen können.

RÄTSEL-ANWEISUNGEN

Verbinde die Klett-Häkchen (rosafarbene Kreise) mit Stoff (weiße Kreise). Schaffe horizontale oder vertikale Verbindungen, um die Kreise zu Paaren zu vereinen, die aus je einem rosafarbenen und einem weißen Kreis bestehen. Die Verbindungen dürfen weder einander noch einen Kreis kreuzen.

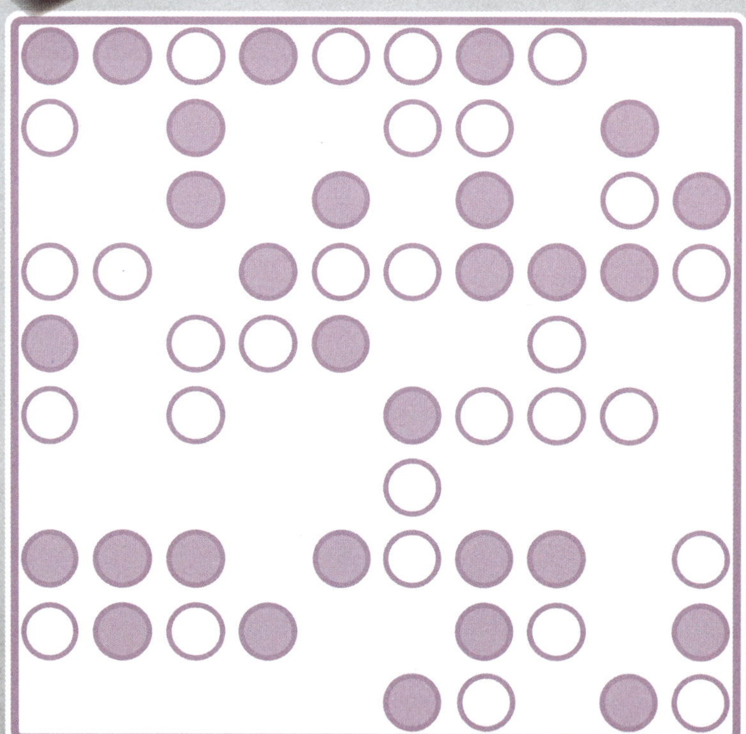

KERNFUSION

Die Sonne bezieht ihre Energie aus der Kernfusionsreaktion. Seit langem träumen Ingenieure davon, diesen Prozess für die Erde nutzbar zu machen, um unbegrenzte, preiswerte, klimaneutrale Energie zu produzieren. Fusionsenergie wird gewonnen, wenn man beispielsweise zwei Wasserstoffatomkerne mit einem Heliumatomkern verschmelzt. Das einzige Nebenprodukt bestünde in einem trägen Gas. Für die Fusion wären nur geringste Materialmengen notwendig.

Die Herausforderung des Prozesses besteht in den erforderlichen extrem hohen Temperaturen. Die Primärtechnologie für die Kernfusion besteht aus toroidalen Spulen, die wie ein Donut ringförmig angeordnet sind und mit Magnetkraft heißes Gas konzentrieren und einschließen, damit es auf 150 Millionen °C erhitzt werden kann – zehn Mal heißer als der Sonnenkern. Fast in jedem Aspekt ist das Design außerordentlich komplex und teuer und auch wenn es funktionieren sollte, dann zunächst nur in einem Forschungsreaktor. Andere Verfahren beinhalten Hochleistungsröntgenlaser und Ultrahochleistungskanonen, die mit ungeheurer Kraft Brennstoffkapseln aufeinander abfeuern.

1	2	3					4		
					2			3	
			5						
6			7			8			
1							9		
						4	8		
				7					
				6				9	
						5			

RÄTSEL-ANWEISUNGEN

Verschmelze Teilchen zu einer Einheit. Ziehe Verbindungslinien zwischen je zwei identischen Zahlen. Nur jeweils eine Linie darf durch ein Kästchen führen, und die Linie kann zwischen den Kästchen nur horizontal oder vertikal verlaufen.

HYPERLOOP

Im Jahr 2012 hat Technikvorkämpfer Elon Musk (*1971) seine Vision eines neuen Transportmittels dargelegt, mit dem sich die Probleme von Luft- und Reibungswiderstand überwinden ließen, die die Geschwindigkeit von Fahrzeugen limitieren. Im Zentrum des Konzepts stehen versiegelte Röhren mit geringstem oder gar keinem Luftdruck, in denen Passagierkapseln mit normalem Luftdruck fahren würden, angetrieben von Linearmotoren in einem elektromagnetischen Schwebesystem.

Schwebebahnen nutzen Magneten, um ein Luftkissen zwischen Zug und Schiene zu erzeugen. Da kaum Luft- oder Reibungswiderstand anfällt, können Höchstgeschwindigkeiten von bis zu 1.200 km/h erreicht und mit minimalem Energieaufwand aufrechterhalten werden. Musk verbildlichte seine Idee als „Kreuzung aus Concorde mit einer Schienenkanone und einem Air-Hockey-Tisch“. Sein Ingenieurteam veröffentlichte erste Pläne und lud die Öffentlichkeit zur Mitarbeit ein. Seither haben mehrere Firmen und Teams an Wettbewerben teilgenommen, um Röhren, Motoren und Prototypen zu testen und Machbarkeitsstudien für die Serienproduktion anzufertigen.

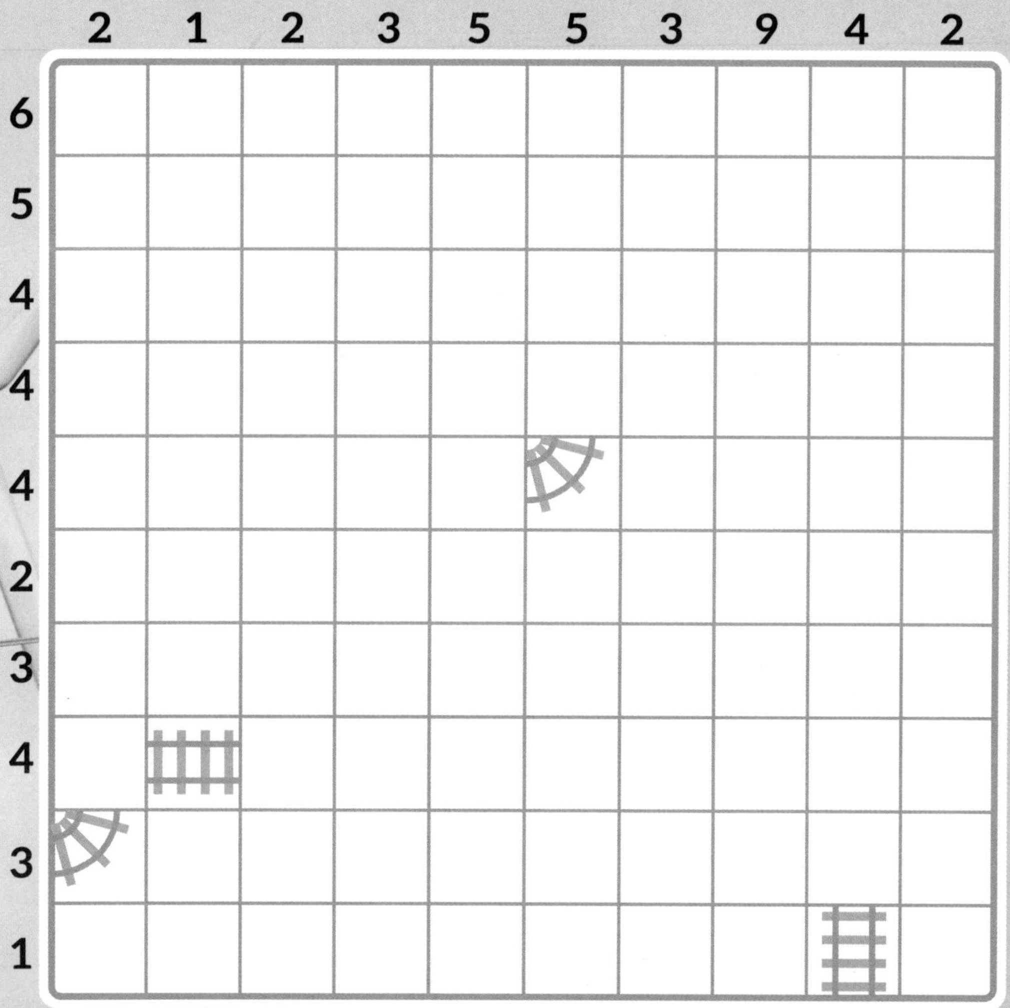

RÄTSELANWEISUNGEN

Arbeite die Trasse für die Magnetschwebebahn aus. Lege eine Route an, die in der Spalte ganz links beginnt und das Gitter in der untersten Zeile verlässt. Dabei darf die Trasse das Feld nicht verlassen oder sich selbst kreuzen. Die Zahlen außerhalb des Felds geben an, wie viele Schienenstücke in jeder Zeile und Spalte verbaut werden sollen.

SELBSTFAHRENDE AUTOS

Am autonomen Fahren wird intensiv gearbeitet – es könnte das Autofahren und den Transport revolutionieren, aber auch Vorstellungen von Fahrzeugbesitz, Mobilität und das Verhältnis von Arbeit und Freizeit. Damit selbstfahrende Autos Wirklichkeit werden können, muss man jedoch einige Herausforderungen meistern, darunter Umgebungswahrnehmung, Routenplanung, Fahrzeugkontrolle und Navigation.

Der erste Punkt stellt die größte Schwierigkeit dar, weil KI, selbst wenn sie mit Infrarot-, Ultraschall-, Radar- und Lidar-Sensoren ausgerüstet ist, immer noch Mühe damit hat, Hindernisse zu erkennen.

Außerdem wird jedes autonome System irgendwann mit dem sogenannten Weichenstellerproblem konfrontiert, also mit einer Situation, in der es zwischen zwei schlechten Entscheidungen wählen muss – etwa entweder einen Fußgänger zu überfahren oder mit einer Wand zu kollidieren. Welche Wahl soll das System treffen, und wer wird dafür die Verantwortung übernehmen? Der Fahrer, der Eigentümer, die Programmierer oder die Fahrzeughersteller?

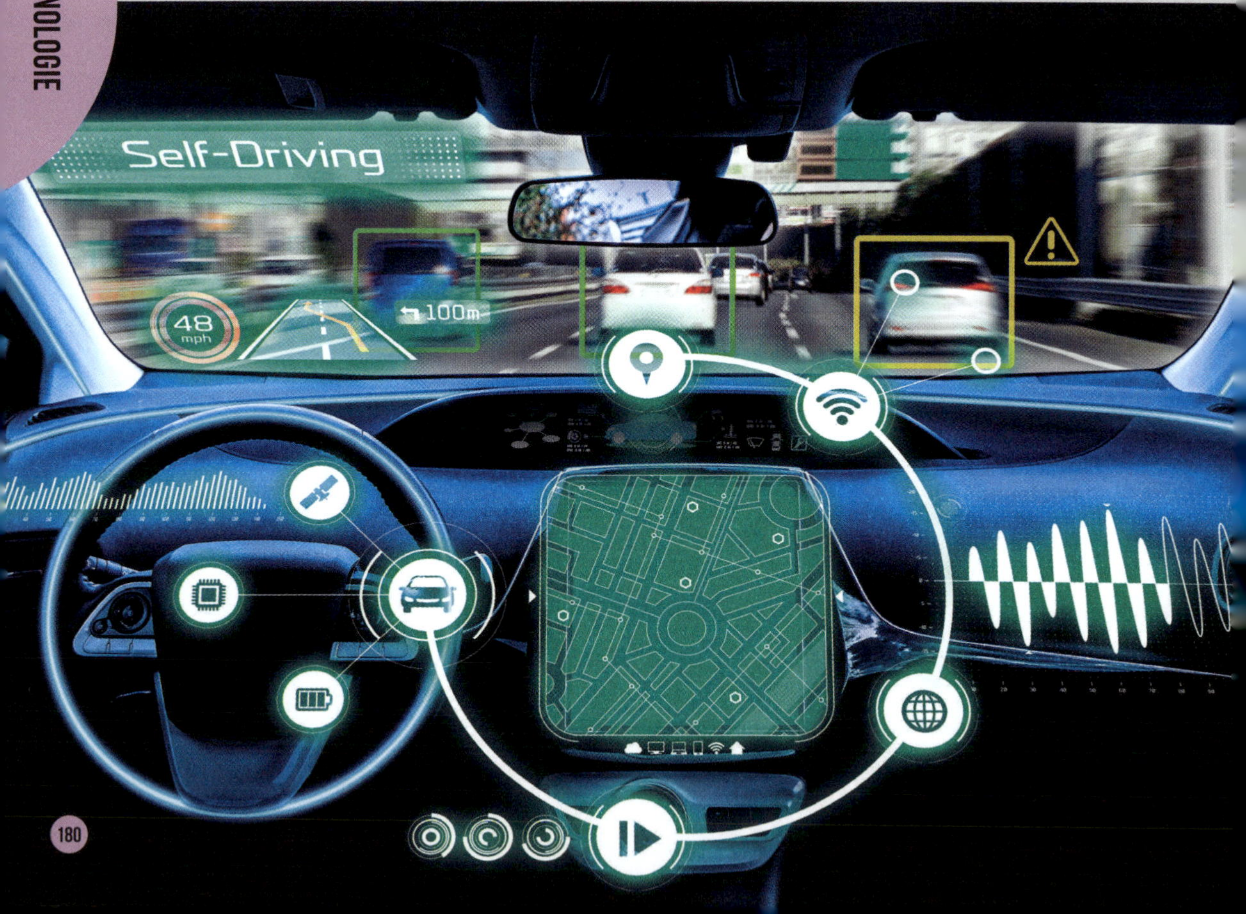

4				4			6		
			7						
	7								
									4
5						6			
				4		6	4		
			3						
	7		3					7	
				1					

RÄTSELANWEISUNGEN

Entwirf eine Route unter Einbeziehung der Funksender. Die Route kann vertikal und horizontal durch freie Kästchen führen, darf aber nicht mehrmals dasselbe Kästchen durchqueren. Die Zahlen in den Hinweiskästchen geben an, durch wie viele (auch diagonal) angrenzende Kästchen die Route führen muss.

IST VENEDIG NOCH ZU RETTEN?

Wie das Hochwasser Ende 2019 gezeigt hat, ist Venedig durch den ansteigenden Meeresspiegel extrem gefährdet, insbesondere da die Stadt im Laufe der Zeit ohnehin schon stark gesunken ist. Im 20. Jahrhundert ist der Boden, auf dem die Stadt steht, durch die Förderung von Grundwasser zusammengesackt. Auch wenn dem seither ein Riegel vorgeschoben wurde, ist die Stadt bereits um 25 cm gesunken und senkt sich infolge tektonischer Verschiebungen weiter ab.

Zwar droht der Klimawandel, das regelmäßige Hochwasser in eine Katastrophe zu verwandeln, doch schon bald steht Venedig unter dem Schutz eines Sperrwerks namens MO.S.E.. Wenn der Bau abgeschlossen ist, werden bewegliche Fluttore die drei Laguneneingänge blockieren, sobald eine Sturmflut oder Hochwasser naht. Korruption und Missmanagement haben die Fertigstellung des Projekts verzögert, das 2022 in Betrieb gehen soll.

RÄTSELANWEISUNGEN

Ermittle die Form der Inseln. Schraffiere die Kästchen so, dass um ein Feld mit einer Zahl so viele Kästchen frei bleiben, wie diese Zahl angibt. In jeder weißen Fläche muss sich genau eine Zahl befinden. Schraffierte Flächen dürfen keine Quadrate von 2 oder mehr Feldern umfassen; dennoch müssen sie eine zusammenhängende Fläche ergeben. Diagonale Verbindungen zählen dabei nicht.

▼ Der Canale Grande in Venedig mit der Rialto-Brücke im Hintergrund.

		2						5	
	3						3		
	5			2					
					3			5	
		6						4	
	1						3		

TECHNOLOGIE

DAS TECHNOLOGIE-QUIZ

1) Welche Art Antrieb erfand Frank Whittle in den 1930er-Jahren?

2) Wie heißt die positive Elektrode in einer Elektrolysezelle?

3) Was bedeutet FM bei einem Radio?

4) Wofür stehen die Abkürzungen AC und DC?

5) Welches lebensrettende Gerät wurde 1815 von Humphry Davy erfunden?

6) Welches Tiefbauprojekt nahm 1881 seinen Anfang und wurde erst 1994 formal eröffnet?

7) Was bedeutet der Zusatz „rtf" bei einem Computerdateinamen?

8) Wo könnte man Woofer und Tweeter finden?

9) Unter welchem Namen ist der Tank heute besser bekannt?

10) Welche Art Pumpe ist nach Archimedes benannt?

11) Was ist ungewöhnlich an einem Wankelmotor?

12) Wie hieß der erste digitale Elektronenrechner, der 1943 von den Briten entwickelt wurde?

13) Welche einfache Maschine vervielfacht die Kraft, weil sie um einen Angelpunkt drehbar ist und Last- von Kraftarm trennt?

14) Welche Art Strom benötigt ein bürstenloser Mehrphasenmotor?

15) Was hält ein Flugzeuge in der Luft?

16) Welches Phänomen beschrieb die Arbeit Michael Faradays, in der es um Magneten, Drähte und Batterien ging?

17) Welches Element wird am häufigsten in Batterien eingesetzt, die Geräte wie Handys und E-Autos antreiben?

18) Von welcher Art Energie wird ein Stirlingmotor angetrieben?

19) Wie wird eine zusammengeschaltete Serie aus realen oder virtuellen künstlichen Neuronen in der Computerwissenschaft bezeichnet?

20) Welche der nachfolgenden Buchstabenkombinationen ist KEIN Logikgatter, wie es in elektronischen Schaltungen verwendet wird?

a) NAND ☐

b) XAND ☐

c) OR ☐

d) NOT ☐

LÖSUNGEN

DAS GEHIRN

Seite 11

PHINEAS GAGE: DER MANN MIT DEM STAB IM GEHIRN

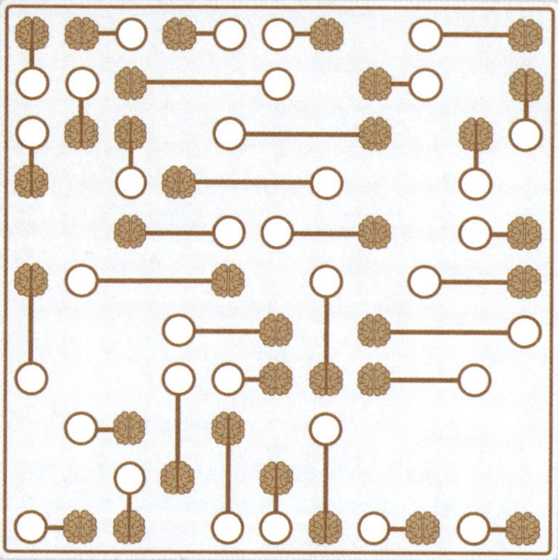

Seite 15

DAS TIER IN UNS

Seite 13

GEIST UND MATERIE

2	2	2	●		1	●
●	●			2	3	2
4	●		3	●		●
2	●	3	●	●		1
	1		3		2	
	1		●	2	●	1
●		1		2		1

Seite 17

DIE GEHIRN-OLYMPIADE

3	5	2	6	4	1	8	9	7
9	1	8	7	5	3	4	2	6
7	6	4	8	9	2	1	3	5
6	8	5	3	7	9	2	4	1
1	2	3	4	6	5	7	8	9
4	7	9	1	2	8	5	6	3
8	3	6	2	1	7	9	5	4
2	9	7	5	3	4	6	1	8
5	4	1	9	8	6	3	7	2

Seite 18
MARS GEGEN VENUS

V	M	M	V	V	M	M	V
V	M	V	M	M	V	V	M
M	V	M	V	M	M	V	V
M	V	V	M	V	M	M	V
V	M	V	M	M	V	V	M
M	V	M	V	V	M	V	M
M	M	V	M	V	V	M	V
V	V	M	V	M	V	M	M

Seite 20
DER MANN, DER SEINE FRAU MIT EINEM HUT VERWECHSELTE

D	H	S	A	L	A	A	M	E	R	H	A	B	A	H
Z	A	A	A	L	U	L	O	A	L	U	B	I	Z	A
E	D	H	A	N	E	U	O	A	A	H	Z	H	H	E
T	N	R	T	E	N	M	N	H	H	S	I	E	Z	S
O	A	K	A	T	T	U	R	I	O	C	L	H	I	B
A	A	E	O	V	O	I	A	I	A	L	N	H	O	I
H	M	B	T	N	S	B	E	Z	O	B	L	I	T	K
I	A	R	A	S	N	T	S	V	H	L	N	O	X	I
N	B	M	W	H	A	I	V	A	A	A	A	I	O	E
M	O	Z	A	E	R	M	C	U	S	R	L	H	A	V
O	N	D	L	O	V	A	A	H	Y	R	D	L	N	S
O	J	R	A	B	N	L	M	N	I	T	E	Z	O	O
E	O	A	A	M	L	M	A	S	H	W	E	I	A	N
B	U	V	A	A	T	O	Z	S	A	S	A	H	O	J
A	R	O	O	J	O	Y	Z	O	A	I	C	N	A	O

Seite 19
NEURONALE NETZE BEI MENSCH UND MASCHINE

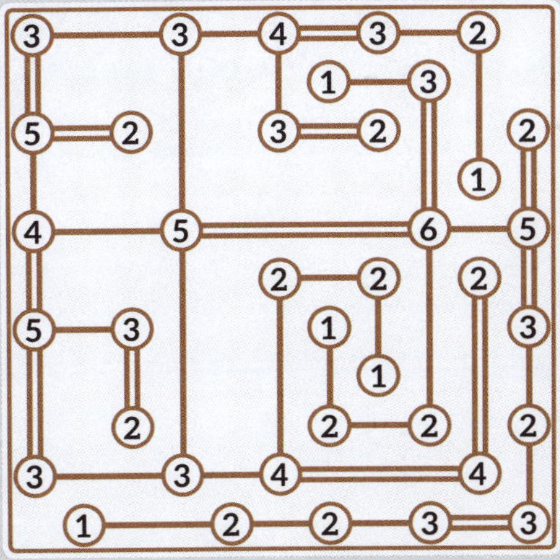

Seite 22
OHNE GRENZEN

Die vier Gegenstände, die ersetzt wurden, sind: **Tasse & Untertasse; Haarbürste; Blumentopf; Batterien**.
Sie wurden ersetzt durch: **Schüssel; Kamm; einen anderen Blumentopf; Taschenlampe**.

Seite 23
WARUM TRÄUMEN WIR?

LÖSUNGEN

Seite 25

DER UNSICHTBARE GORILLA

Du kannst in der Mitte des Bildes sowohl eine Vase als auch zwei sich ansehende Gesichter erkennen.

Seite 26

DAS GEHRIN-QUIZ

1. Wie viele Hemisphären hat das menschliche Gehirn? **Antwort:** Zwei , die beiden Gehirnhälften

2. Wie heißt der äußerste Teil des menschlichen Gehirns? **Antwort:** c)

3. Hat Intelligenz mit Gehirngröße zu tun? **Antwort:** Ja, aber nur wenig

4. Wie heißt das Phänomen, bei dem ein Person glaubt, etwas schon einmal gesehen zu haben? **Antwort:** Déjà-vu

5. Wie viele Nervenzellen hat das menschliche Gehirn ungefähr? **Antwort:** b)

6. Welcher Bereich der Psychologie erforscht Denken, Erinnerung und Sprache? **Antwort:** c)

7. Was bedeutet REM? **Antwort:** Rapid Eye Movement

8. Aus welchen drei Instanzen besteht Sigmund Freuds Persönlichkeitstheorie? **Antwort:** Es, Ich, Über-Ich

9. Welches Objekt stufte Freud NICHT als Phallussymbol ein? **Antwort:** Das ist eine Fangfrage, denn Freud stufte sie ALLE als Phallusymbole ein.

10. Beim Kluger-Hans-Effekt wird das Verhalten der Teilnehmer unbewusst beeinflusst, sodass der erwartete Effekt eintritt. Wer war der Kluge Hans? **Antwort:** Ein Pferd

11. Welche dieser Gehirnstörungen betrifft Bewegung und Koordination? **Antwort:** a)

12. Drei der häufigsten Phobien in Großbritannien sind *Brontophobie* (Angst vor Donner), *Cardiophobie* (Angst vor Herzleiden) und *Aeronausiphobie* (Angst vor Luftkrankheit beim Fliegen). Welche Phobie ist am häufigsten? **Antwort:** *Arachnophobie* (Angst vor Spinnen)

13. Koro ist ein Beispiel für ein kulturgebundes Syndrom, eine psychogene Krankheit, zu der auch die Angst gehört, ein bestimmtes Organ würde durch Magie schrumpfen oder verschwinden. Welches? **Antwort:** Genitalien

14. Welche Wahnvorstellungen bezeichnen das sogenannte Fregoli-Syndrom? **Antwort:** c) – Das Fregoli-Syndrom ist nach dem berühmten Verwandlungskünstler Fregoli des späten 19. Jh., frühen 20. Jh. benannt; a) ist die typische Wahnvorstellung beim Capgras-Syndrom; b) ist die typische Überzeugung beim Mignon-Wahn

15. Was ist der Baskerville-Effekt? **Antwort:** a)

16. Welcher Teil des Nervensystems verursacht Erröten und Gänsehaut? **Antwort:** Das vegetative Nervensystem – genauer gesagt, dessen sympathischer Teil

17. Wie heißt das Phänomen, bei dem ein Patient durch eine Zuckertablette, die er als wirksame Arznei ansieht, von einer Krankheit geheilt wird? **Antwort:** Placebo-Effekt

18. Wie nennt man es, wenn eine Person durch ein vermeintliches Gift erkrankt, gleichwohl es harmlos und unwirksam ist? **Antwort:** Nocebo-Effekt

19. Welcher Hirnlappen wird mit dem Sehvermögen in Verbindung gebracht? **Antwort:** Okzipitallappen

20. Unter welchem Namen ist die *Parapraxis* besser bekannt? **Antwort:** Freud'scher Versprecher

CHEMIE

Seite 31

DIE SUCHE NACH DEM STEIN DER WEISEN

	7					1
		8		3		
	7				4	
5				6	5	9
1						
		7	5		5	8
	2				3	9

Seite 32

WISSENSCHAFTLICHE CODES

A=9; **B**=5; **C**=6; **D**=14

Seite 33

DIE WÜTENDE BIENE IM SCHRUMPFENDEN BEHÄLTER

Seite 34

DAS PERIODENSYSTEM

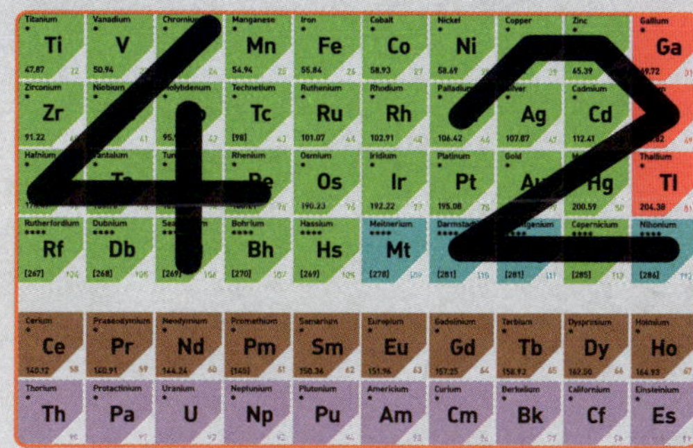

Seite 36

RADIOAKTIVITÄT

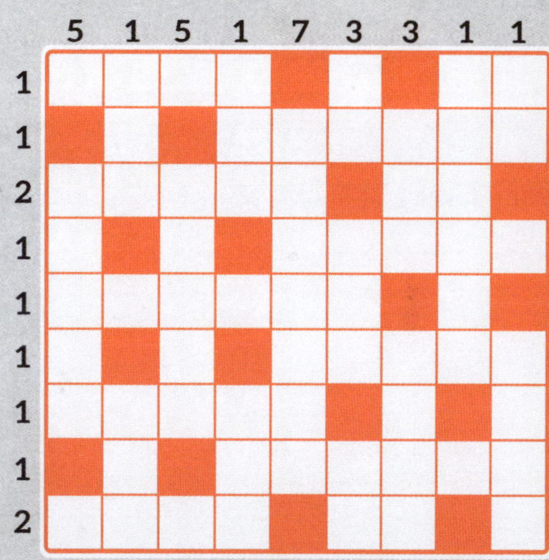

Seite 37

WIE VIEL URIN BRAUCHT MAN, UM EIN NEUES ELEMENT ZU ENTDECKEN?

11	11	5	6	6	6	7	7
11	11	5	5	6	7	7	7
11	11	5	2	6	6	7	7
11	3	5	2	8	8	8	4
11	3	8	8	8	3	3	4
11	3	8	6	6	6	3	4
11	5	8	5	6	6	6	4
11	5	5	5	3	3	3	1

Seite 41

WELCHES LIEBLINGSTIER HABEN CHEMIKER?

3	6	4	7	5	2	1
1	7	2	5	4	3	6
4	5	7	2	1	6	3
2	1	3	4	6	7	5
7	2	1	6	3	5	4
5	4	6	3	2	1	7
6	3	5	1	7	4	2

Seite 39

EXPLOSIVE ENTDECKUNG

●	●	●	●	3	●	2	●
3	●	4		●	4		2
1		1		3	●	●	3
1			1		●	●	●
2	●	●			4		3
●	5	4		●	2	●	1
3	●	●	3	3		3	
	●	4	●		●	2	●

Seite 42

FUSSBALLMOLEKÜLE UND NANORÖHREN

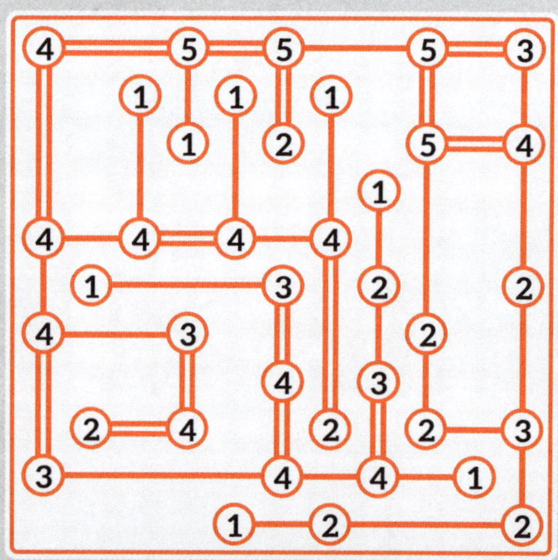

Seite 43
WASSER IST SONDERBAR

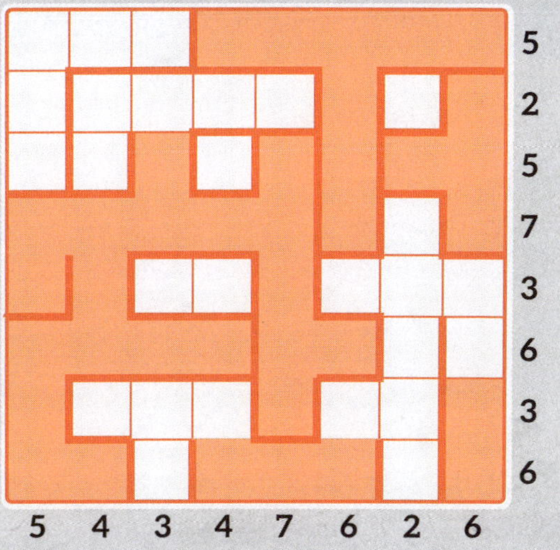

Seite 46
KEKULÉS TRAUM

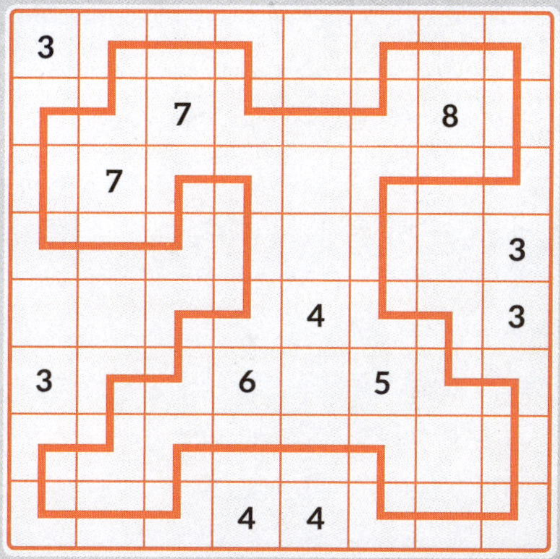

Seite 45
WIE MAN EINE BESSERE BATTERIE BAUT

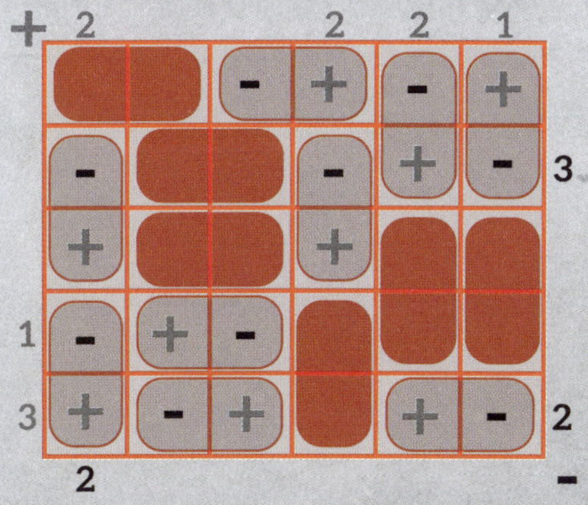

Seite 47
FINGERABDRÜCKE DES LICHTS

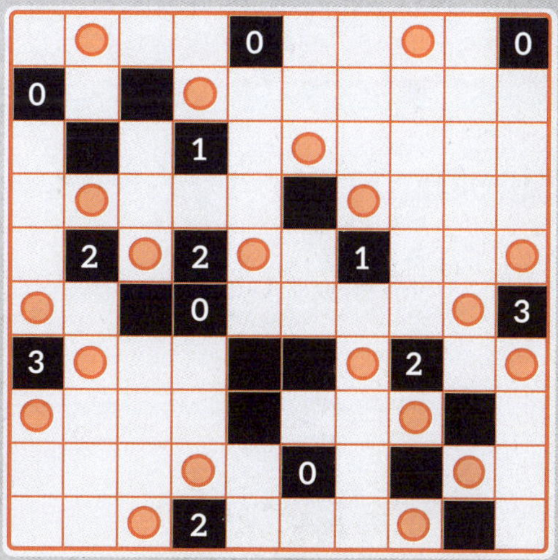

Seite 49

DAS TÖDLICHSTE GIFT

Seite 50

DAS CHEMIE-QUIZ

1. Welche Formel hat Wasser? **Antwort:** H_2O

2. Was erhältst du, wenn du Wasserstoff in der Luft verbrennst? **Antwort:** Wasserdampf und möglicherweise eine große Explosion

3. Welches Element haben die Alchemisten mit Sonne und Urin verbunden? **Antwort:** Gold

4. Welche Verbindung zweier Elemente macht Rost und Blut rot? **Antwort:** Eisenoxid

5. Aus welchem Element besteht die Mine eines Bleistifts? Hinweis: Blei ist es nicht. **Antwort:** Grafit - eine Form von Kohlenstoff

6. Ist eine Flüssigkeit mit dem pH-Wert 1 sauer oder basisch? **Antwort:** sauer – ein pH-Wert von 1 ist extrem sauer

7. Welches ist das kleinste und leichteste Element im Periodensystem? **Antwort:** Wasserstoff

8. Wie heißt ein Atom, das Elektronen verloren oder hinzugewonnen und folglich eine elektrische Landung hat? **Antwort:** Ion

9. Welches Element hat die größte Dichte? **Antwort:** c)

10. Die Ordnungszahl von Sauerstoff ist 8. Wie viele Protonen hat ein Sauerstoffatom? **Antwort:** 8 – die Ordnungszahl richtet sich nach der Protonenzahl eines Elements

11. Wie lautet der Sammelbegriff für die Elemente Neon, Xenon, Krypton und Argon? **Antwort:** Edelgase

12. Welches Metall löst Gold? **Antwort:** Quecksilber

13. Wie wird eine Ionenwolke (oder -suppe) bezeichnet? **Antwort:** Plasma

14. Aus welchen Elementen besteht ein Ethanolmolekül? **Antwort:** Kohlenstoff, Sauerstoff und Wasserstoff

15. Salpeter ist eine der Hauptzutaten von Schießpulver. Wie lautet sein chemischer Name? **Antwort:** a)

16. Welcher französische Wissenschaftler hat die Radioaktivität entdeckt? **Antwort:** b)

17. Das Haber-Bosch-Verfahren ist entscheidend für die Herstellung von Dünger. Es verbindet Stickstoff und Wasserstoff zu welcher Chemikalie? **Antwort:** Ammoniak

18. Welches Gewicht hat 1 mol des Kohlenstoffisotops ^{12}C? **Antwort:** 12 g – 1 mol eines Isotops wiegt genauso viel wie seine Atommasse

19. Welches Uranisotop ist spaltbar und kann für die Herbeiführung einer Kernspaltung genutzt werden? **Antwort:** b)

20. Natrium hat die Ordnungszahl 11. Welches Element folgt ihm im Periodensystem nach? **Antwort:** c) – Magnesium hat die Ordnungszahl 12

DIE UMWELT

Seite 54
DER TREIBHAUSEFFEKT

8	3	7	5	2	9	4	1	6
4	9	6	3	7	1	2	5	8
1	5	2	4	6	8	7	3	9
6	8	4	7	1	3	5	9	2
9	7	1	2	4	5	6	8	3
3	2	5	9	8	6	1	4	7
7	4	9	8	5	2	3	6	1
2	6	3	1	9	4	8	7	5
5	1	8	6	3	7	9	2	4

Seite 59
EISZEITEN

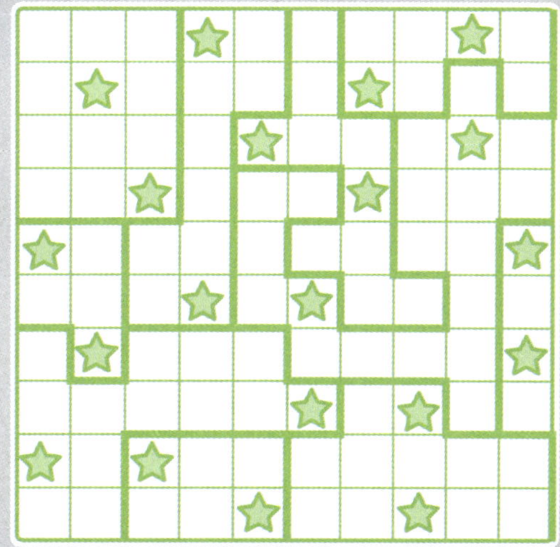

Seite 56
GEO-ENGINEERING

	4		4		3	
	1	4	2	5	3	
	2	5	3	1	4	
	3	1	4	2	5	
	5	3	1	4	2	3
2	4	2	5	3	1	
				3		

Seite 61
ERNEUERBARE ENERGIE

8	1	2	7	4	3	9	5	6
7	4	9	6	5	2	8	1	3
3	7	4	2	9	1	6	8	5
1	5	7	8	3	6	4	2	9
4	2	6	9	7	8	5	3	1
9	3	5	1	8	4	2	6	7
6	8	3	5	1	9	7	4	2
2	9	8	3	6	5	1	7	4
5	6	1	4	2	7	3	9	8

Seite 57
KIPPPUNKTE

76	5	19
16	83	1
8	12	80

Seite 63
DIE REISE ZUM MITTELPUNKT DER ERDE

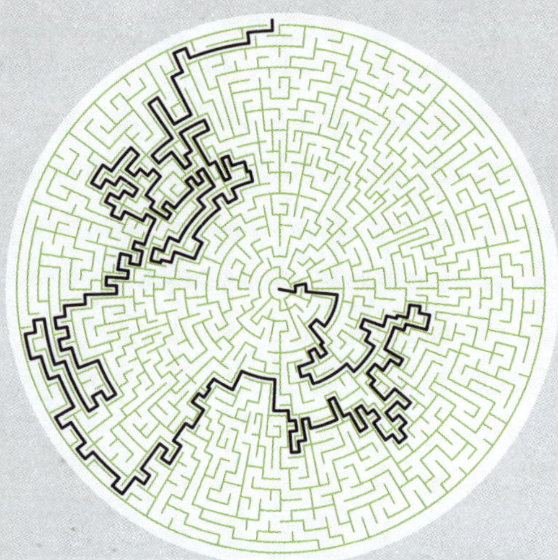

Seite 65
HEISS UND FEUCHT

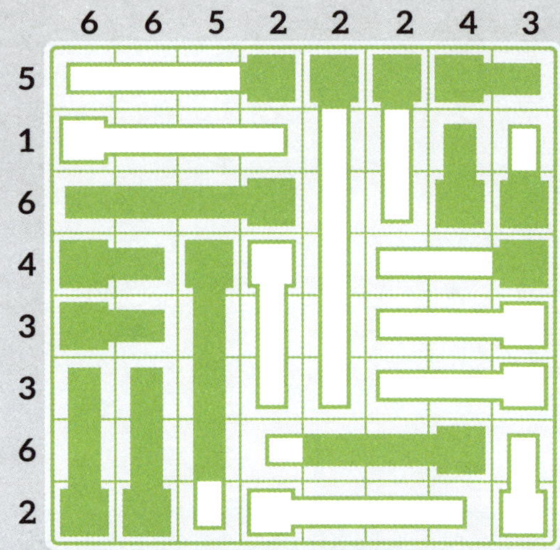

Seite 64
HURRIKANS

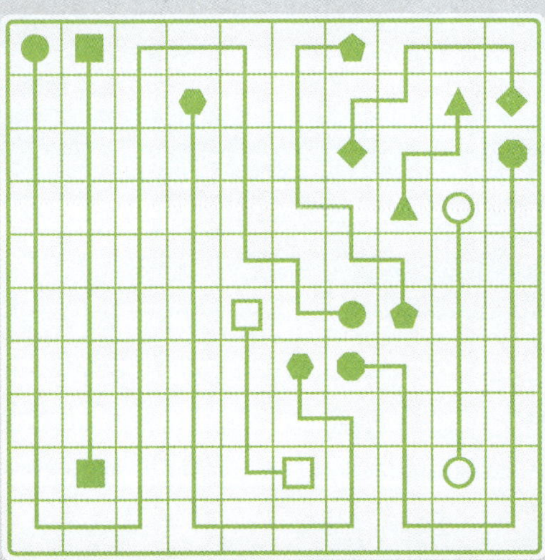

Seite 67
DER FALL ZUR ERDE

Seite 69
WALDBRANDSAISON

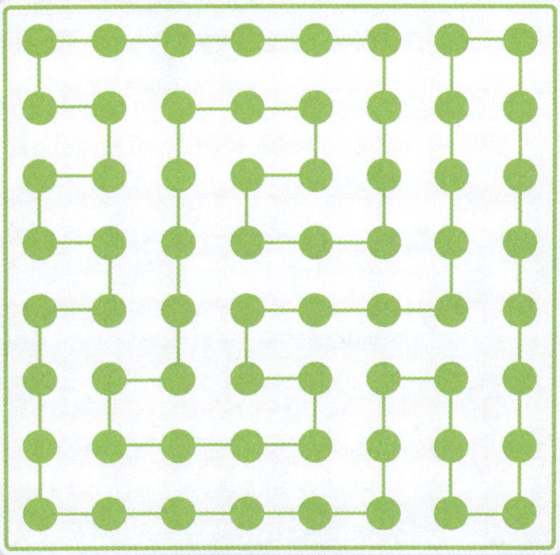

Seite 71
MEGA-TSUNAMIS

1	2	1	4	2	3	1	2
4	1	3	2	1	4	2	3
1	3	2	1	5	2	3	1
2	1	4	3	1	5	1	2
1	2	5	1	3	1	4	1
3	1	2	4	1	2	5	3
2	4	3	1	2	1	3	2
4	3	1	2	1	3	2	4

Seite 70
ERDBEBEN-VORHERSAGEN

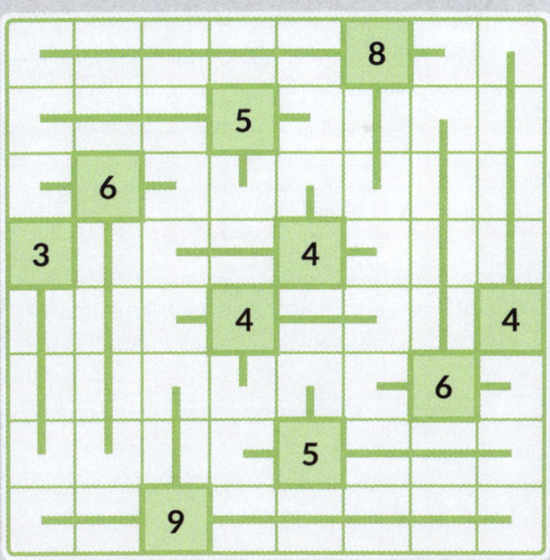

Seite 73
DER NÄCHSTE SUPERVULKAN

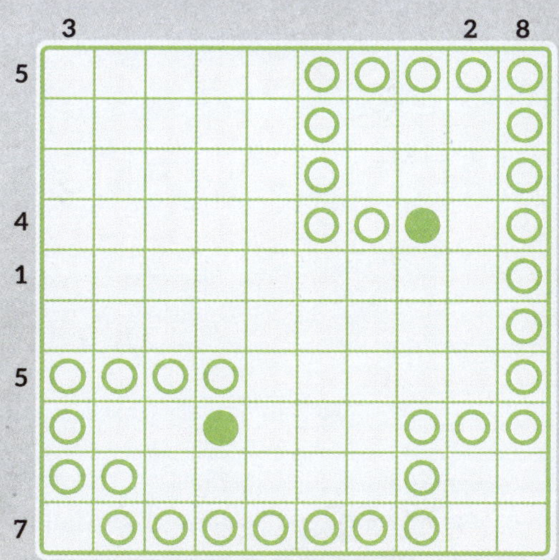

Seite 74

DAS UMWELT-QUIZ

1. An welchem Pol befindet sich die Antarktis? **Antwort:** Am Südpol

2. Welches Naturphänomen ist als Twister bekannt? **Antwort:** Ein Tornado

3. Was ist der größte Kontinent? **Antwort:** Asien

4. Was ist von der Abflussmenge her der größte Fluss der Welt? **Antwort:** Der Amazonas

5. Der Amazonas-Regenwald erstreckt sich über neun Länder, darunter Brasilien, Surinam, Peru, Guyana und Französisch-Guyana. Kennst du die anderen vier Länder? **Antwort:** Ecuador, Venezuela, Kolumbien und Bolivien

6. Wie nennt man die Reise des Wassers vom Land zum Fluss und zum Meer und wieder zurück durch Verdunstung, Wolkenbildung und Niederschlag? **Antwort:** Der Wasserkreislauf

7. Wie heißen nach offizieller Aufteilung die fünf Ozeane? **Antwort:** Atlantischer, Pazifischer, Indischer, Arktischer und Antarktischer Ozean (auch Nord- bzw. Südpolarmeer genannt)

8. In welcher Schicht der Atmosphäre leben wir Menschen? **Antwort:** Troposphäre

9. Welche Energiequelle wird in einem Geothermiekraftwerk angezapft? **Antwort:** Hitze der Erdtektonik

10. In welche Richtung dreht sich ein Hurrikan? **Antwort:** Gegen den Uhrzeigersinn – Hurrikans sind Antizylone; auf der Südhalbkugel drehen sich die Stürme im Uhrzeigersinn, werden aber nicht Hurrikans genannt

11. Wie heißt die Schicht unter der Erdkruste? **Antwort:** Erdmantel

12. Was ist der niedrigste Punkt auf der Erdoberfläche? **Antwort:** Challengertief im Marianengraben auf dem Grund des Pazifiks

13. Was ist das stärkste Treibhausgas? **Antwort:** c)

14. Ein Erdbeben der Stärke 6 auf der Richterskala ist um wievielmal stärker als eines der Stärke 5? **Antwort:** Zehnmal stärker – die Richterskala ist logarithmisch

15. Wie nennt man die globale Abkühlung, die nach einem heftigen Vulkanausbruch auftreten kann? **Antwort:** Vulkanischer Winter

16. Was ist das Gegenteil einer Nippflut? **Antwort:** Eine Springflut

17. Wie heißen die Perioden zwischen Eiszeiten? **Antwort:** c)

18. Wie heißt die Skala zur Bestimmung der Einschlagsgefahr von Asteroiden und Kometen? **Antwort:** b)

19. Wie viele Bäume gibt es ungefähr auf der Welt? **Antwort:** c)

20. Wie heißt der Klima-Kreislauf im Pazifik, der Einfluss auf das globale Wettergeschehen hat und alle paar Jahre auftritt? **Antwort:** El Niño

Seite 78
SYNTHETISCHE DNA

	T	A			C	
	T	A	C	G		G
A	A	G		T	C	C
C		C	G	A	T	
	G		T	C	A	A
C	C	T	A		G	
				C	G	

Seite 82
DIE CRISPR-GEN-SCHERE

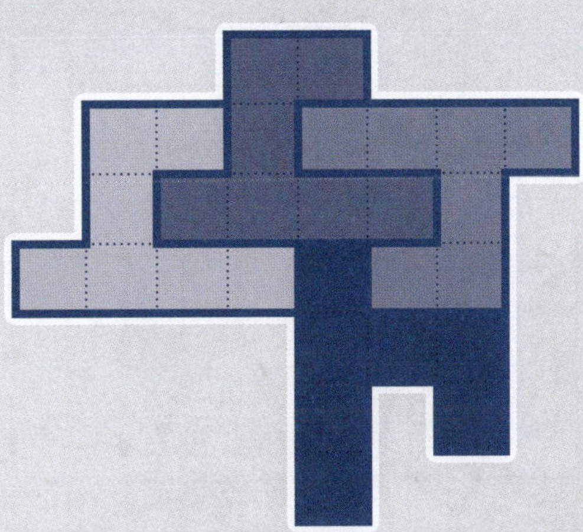

Seite 81
BIONISCHE PROTHESEN

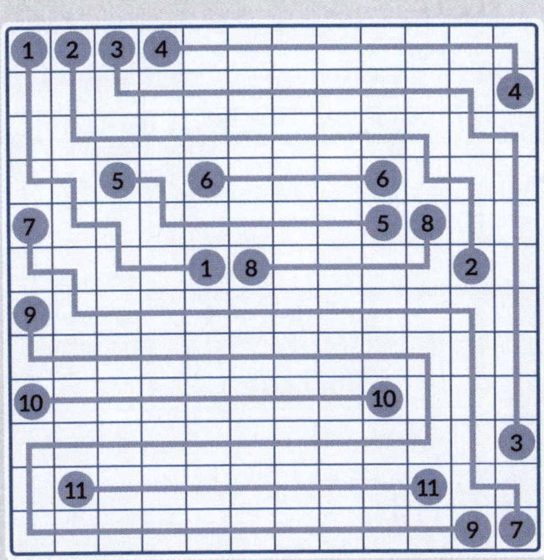

Seite 83
ANTIKÖRPER UND DAS IMMUNSYSTEM

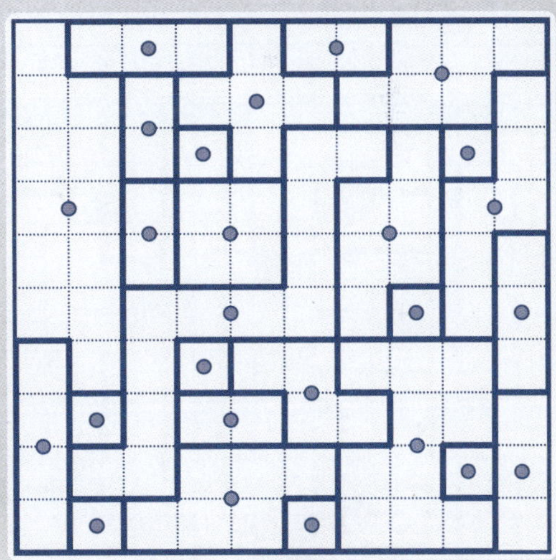

Seite 85
HERDENIMMUNITÄT

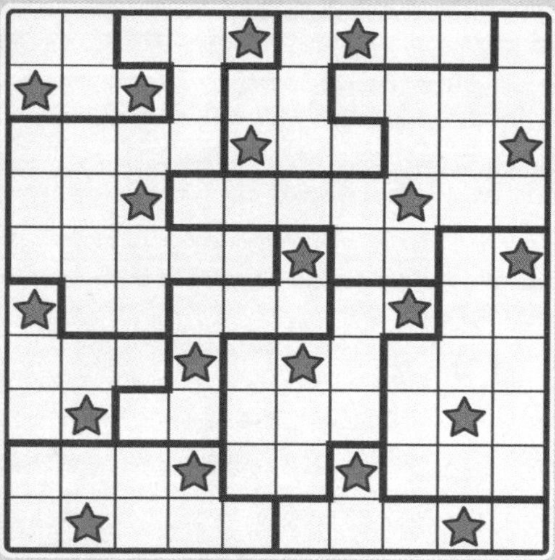

Seite 87
TODESKARTE

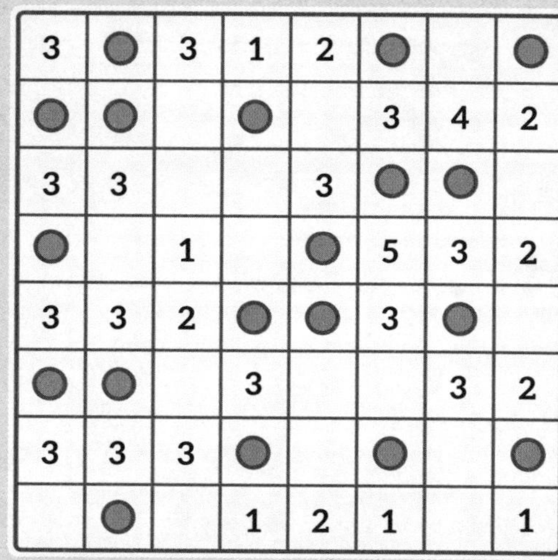

Seite 86
DIE SCHLIMMSTEN KRANKHEITEN DER MENSCHHEIT

Seite 89
KOPFTRANSPLANTATIONEN

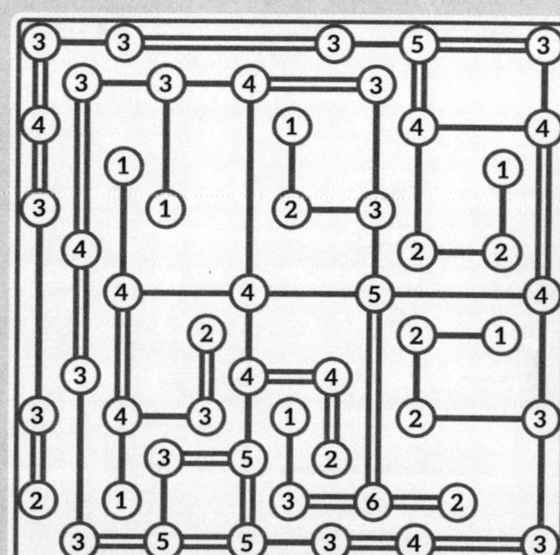

Seite 91

REICHEN 10.000 SCHRITTE?

Seite 93

ANTIBIOTIKA-RESISTENZ

V	V	A	V	A	V	A	A
A	V	V	A	V	A	V	A
V	A	A	V	A	A	V	V
V	V	A	V	A	V	A	A
A	A	V	A	V	A	V	V
V	V	A	V	A	A	V	A
A	A	V	A	V	V	A	V
A	A	V	A	V	V	A	V

Seite 94

DAS GESUNDHEITS-QUIZ

1. Wer entdeckte die antibiotischen Eigenschaften von Penizillin? **Antwort:** a)
2. Welcher Teil des Auges nimmt Licht wahr und erzeugt Nervensignale, die über den Sehnerv versendet werden? **Antwort:** Netzhaut
3. Welche Blutgruppe gilt als „universeller Spender"? **Antwort:** Blutgruppe 0
4. Von welchem Organ transportiert die Aorta Blut? **Antwort:** Herz
5. Wird Grippe durch ein Bakterium oder einen Virus ausgelöst? **Antwort:** Virus
6. Welche Krankheit führte im Mittelalter zum Schwarzen Tod? **Antwort:** Beulenpest
7. Blutkörperchen welcher Farbe zeigen beim Menschen eine Immunreaktion an? **Antwort:** Weiß
8. Was ist das größte Organ des Menschen? **Antwort:** Haut
9. Wie viele Zähne hat ein erwachsener Mensch? **Antwort:** 32
10. Wofür steht die Abkürzung EKG? **Antwort:** Elektrokardiogramm
11. Welches feuerhemmende Fasermaterial kann Mesotheliumkrebs in den Lungen auslösen? **Antwort:** Asbest
12. Wie viele Chromosomen hat üblicherweise ein menschlicher Zellkern? **Antwort:** 46
13. Was ist der größte Knochen im menschlichen Körper? **Antwort:** Oberschenkelknochen
14. Gegen welche Krankheiten schützt die MMR-Impfung? **Antwort:** Mumps, Masern, Röteln
15. Mit welchen Buchstaben wird eine DNA-Sequenz ausgedrückt? **Antwort:** G, A, C und T – stehen für die Nukleinbasen Guanin, Adenin, Cytosin und Thymin
16. Welches giftige Metall wurde im Mittelalter zur Syphilis-Behandlung eingesetzt? **Antwort:** Quecksilber
17. Wie viele Male schlägt das Herz ungefähr im Leben eines Menschen? **Antwort:** a)
18. Wie viele Bakterien leben ungefähr in unserem Darm? **Antwort:** c)
19. Welches Organ unseres Körpers produziert Insulin? **Antwort:** Bauchspeicheldrüse
20. Wo findest du *Nephroliten*? **Antwort:** Nieren – *Nephroliten* sind Nierensteine

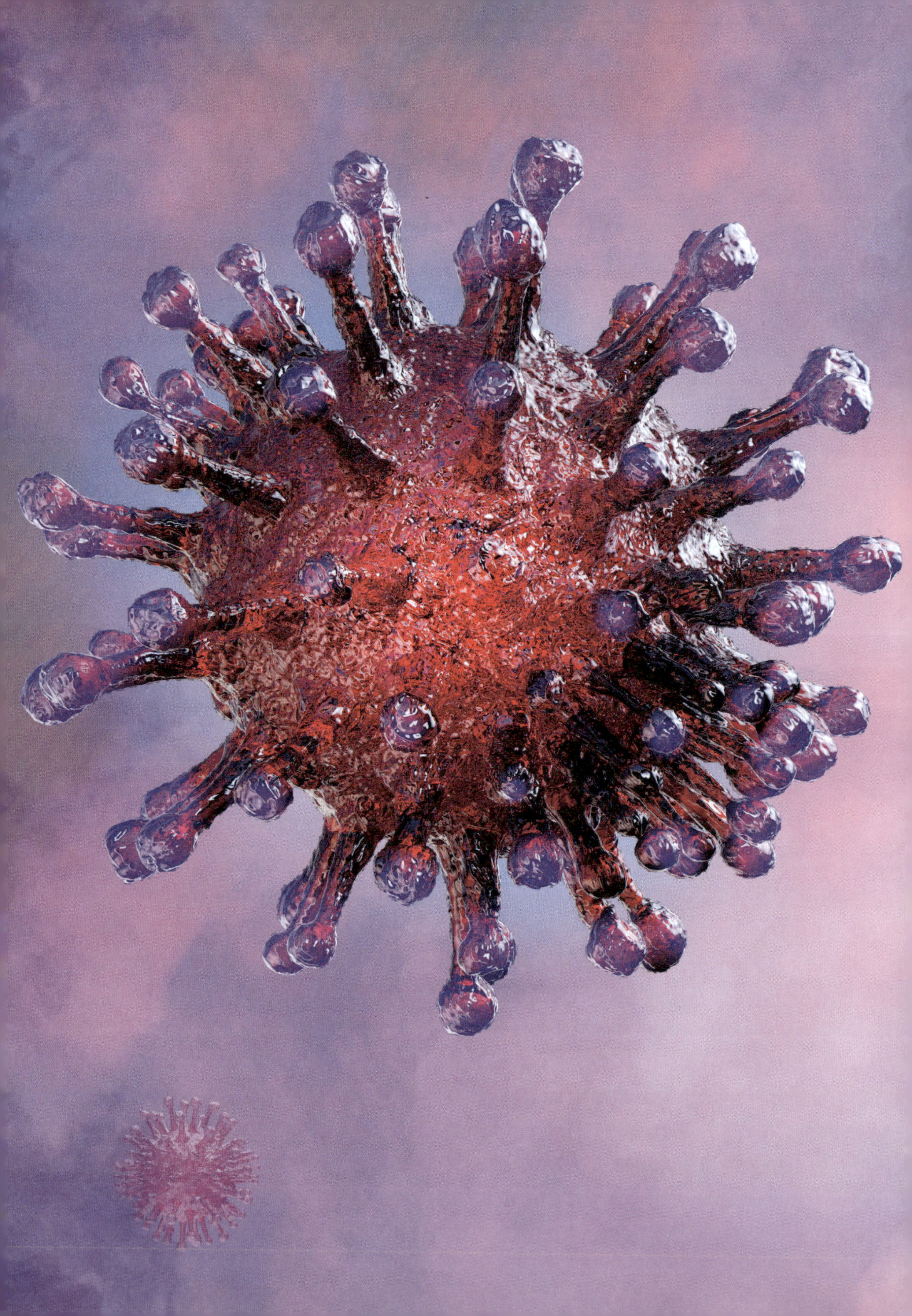

PHYSIK

Seite 98
ALLES GUTE KOMMT VON OBEN

		1				
	3	5	2	4	1	
	5	1	3	2	4	2
2	4	2	1	5	3	
	1	4	5	3	2	3
4	2	3	4	1	5	
	3			3		

Seite 101
DAS DOPPEL-SPALTEXPERIMENT

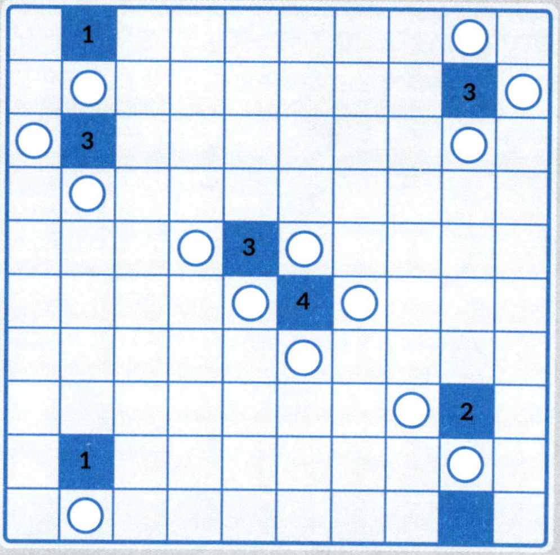

Seite 99
SCHRÖDINGERS KATZE

X	O	X	X	O	O	X	X	O
X	O	O	X	O	X	O	X	X
O	O	O	X	X	X	O	X	O
O	X	X	O	X	O	X	O	O
X	O	O	O	X	O	X	O	X
X	X	O	X	O	O	X	O	O
O	O	O	X	X	X	O	X	O
X	O	X	X	O	O	X	O	X
X	O	O	O	X	O	X	X	X

Seite 103
UNTERWEGS IN LICHTGESCHWINDIGKEIT

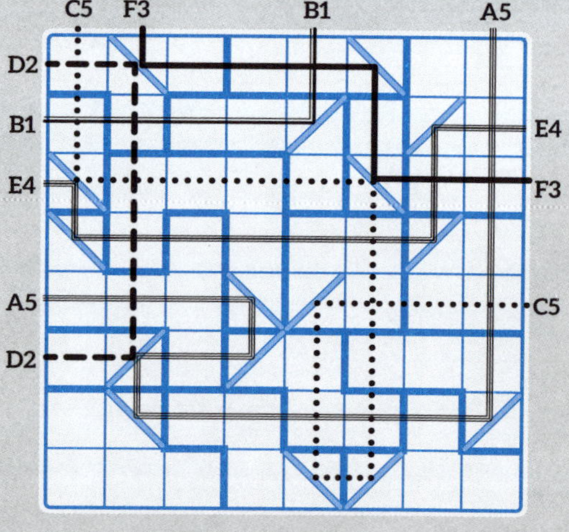

Seite 104
KERNSPALTUNG

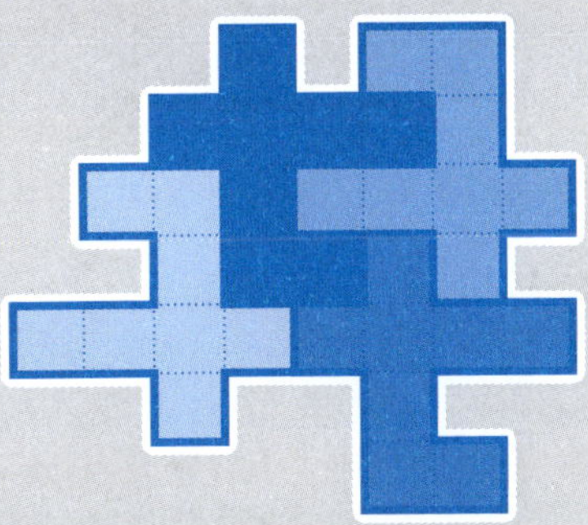

Seite 105
STRINGTHEORIE

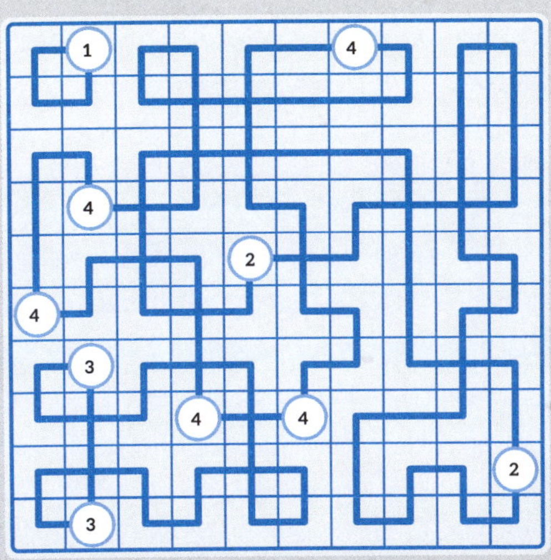

Seite 108
REGENBOGEN UND BLAUER HIMMEL

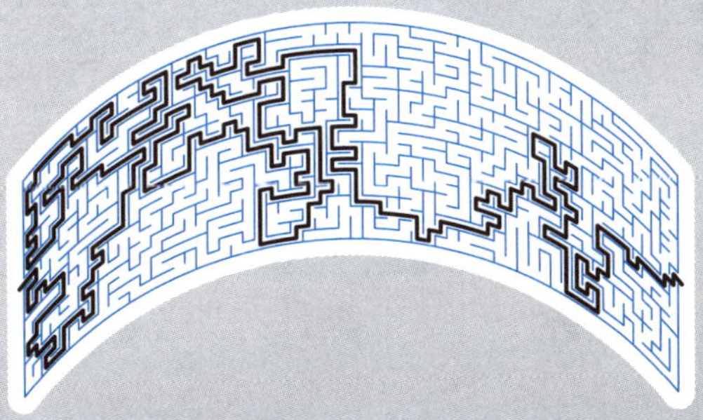

Seite 107
NEWTONS APFEL

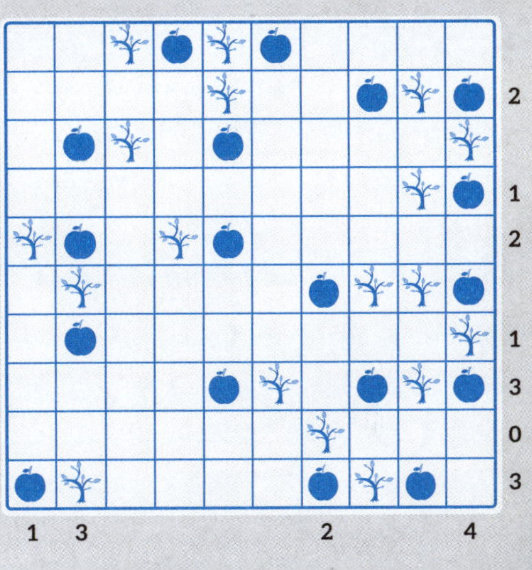

Seite 109
DER KÄLTESTE ORT IM UNIVERSUM

61	58	59	56	55	46	45	44
62	60	57	54	49	39	47	43
63	64	53	50	38	48	40	42
20	52	51	29	30	37	36	41
21	19	28	1	12	31	33	35
22	27	18	13	2	11	32	34
23	26	14	17	3	6	10	9
25	24	16	15	5	4	7	8

Seite 111

DAS GRÖSSTE EXPERIMENT DER GESCHICHTE

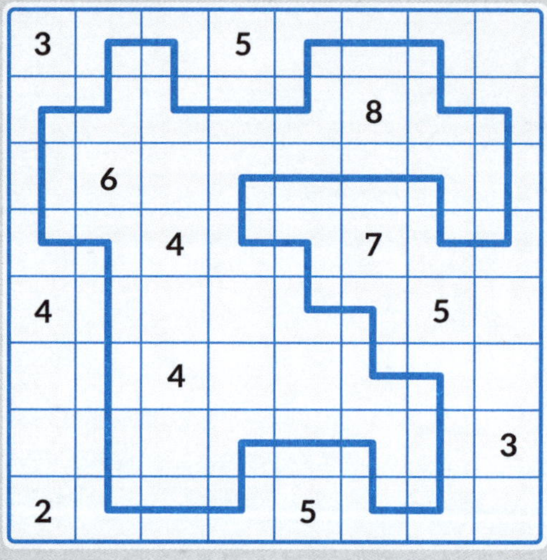

Seite 113

DIE SPUKHAFTE FERNWIRKUNG

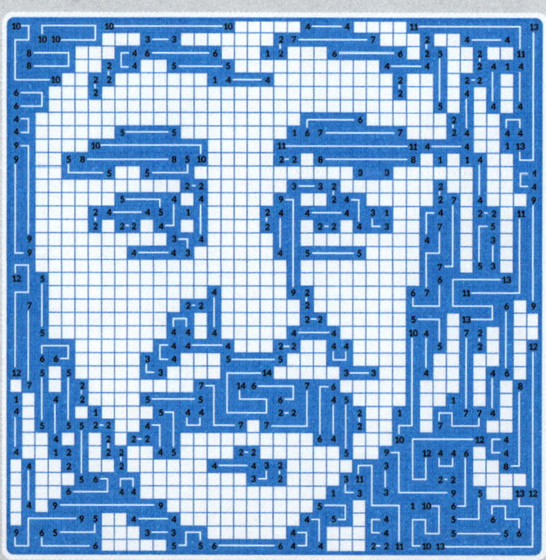

Seite 114

KÜHLSCHRANKMAGNET GEGEN ERDE

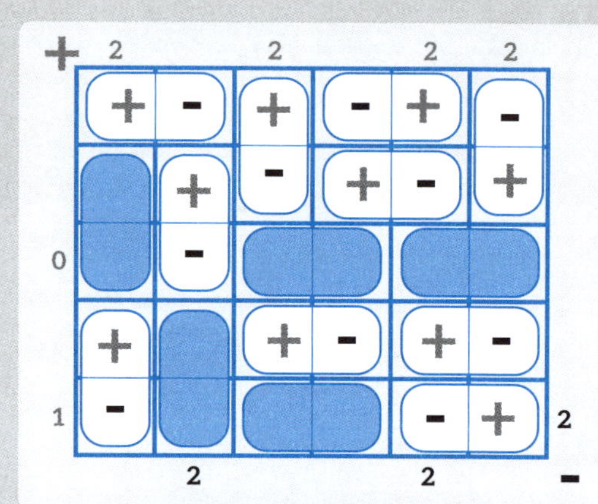

Seite 115

ZEITREISENDE ZWILLINGE

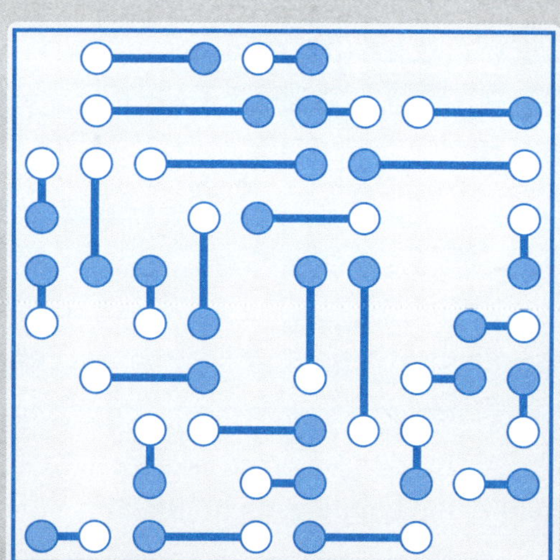

Seite 117
DAS GEWICHT VON LUFT

1	7	2	8	3	9	5	4	6
8	3	5	4	2	6	7	1	9
4	9	6	1	5	7	3	2	8
9	6	3	7	1	2	8	5	4
2	5	8	6	4	3	9	7	1
7	1	4	9	8	5	2	6	3
6	2	7	3	9	1	4	8	5
5	4	9	2	6	8	1	3	7
3	8	1	5	7	4	6	9	2

Seite 118
DAS PHYSIK-QUIZ

1. Was fällt in einem Vakuum schneller nach unten: Feder oder Kanonenkugel? **Antwort:** Beide fallen gleich schnell nach unten
2. Welches Teilchen transportiert elektromagnetische Kraft? **Antwort:** Photon
3. Drei Gefäße sind mit kochendem Wasser gefüllt: eines ist aus Kupfer, eines aus Kork und eines aus Keramik. Welches Gefäß ist am heißesten, wenn du es in der Hand hältst? **Antwort:** Das aus Kupfer – Kupfer leitet sehr gut Hitze; besser als Keramik und Kork
4. Welcher Bereich des Spektrums hat eine längere Wellenlänge als Rotlicht? **Antwort:** Infrarot
5. Welche Art der Energie erfährt ein Ball, wenn er einen Hügel hinaufgebracht wird? **Antwort:** c)
6. Ein zwei Meter über dem Boden stehendes Gewehr feuert waagerecht eine Kugel ab. In dem Moment, in dem die Kugel mit 160 Meter/Sekunde die Gewehrmündung verlässt, fällt die Patronenhülse heraus. Was kommt zuerst auf dem Boden auf? **Antwort:** Beide kommen gleichzeitig unten an
7. Welche subatomaren Teilchen im Atomkern sind positiv geladen? **Antwort:** Protonen
8. Für welche Entdeckung gewann die LIGO-Kollaboration 2017 den Nobelpreis für Physik? **Antwort:** Gravitationswellen
9. Welche Eigenschaften besitzen Silikon und Germanium, die sie nützlich für die Elektronik machen? **Antwort:** Beide sind Halbleiter
10. Mit welcher Farbe musst du eine Wand streichen, damit sie Licht in den Blau- und Rot-Bereichen des sichtbaren Spektrums absorbiert? **Antwort:** Grün
11. Welcher britische Physiker wies 1897 als Erster die Existenz des Elektrons nach? **Antwort:** J. J. Thomson
12. Wie nennt man eine Maschine, die durch die Verbrennung von Treibstoff ein Abgas nach hinten ausstößt, um eine Vorwärtsbewegung auszulösen. **Antwort:** Rakete
13. Kraft ist gleich Masse, multipliziert um welche Größe? **Antwort:** Beschleunigung
14. Wenn du eine Badewanne mit Wasser füllst und einen Goldwürfel mit 5 cm Seitenmaß hineinwirfst, wie viel Wasser wird dann über den Wannenrand laufen? **Antwort:** 25 cm3 – das Volumen des Goldwürfels ist 53 cm3. Das bedeutet, er wird die Wassermenge ersetzen
15. Für was steht „c" in Einsteins berühmter Gleichung $E=mc^2$? **Antwort:** Die Lichtgeschwindigkeit im Vakuum
16. Was bedeutet LHC? **Antwort:** c)
17. Raumschiff A ist doppelt so weit von der Erde entfernt wie Raumschiff B. Um wie viel geringer ist die Erdanziehungskraft, der es ausgesetzt ist? **Antwort:** Vier – die Schwerkraft nimmt im Quadrat der Entfernung ab
18. Aufgrund welchen Phänomens ändert sich für dich die Tonhöhe der Sirene, wenn ein Krankenwagen an dir vorbeifährt? **Antwort:** Durch den Doppler-Effekt
19. Was ist Alpha-Strahlung? **Antwort:** a)
20. Welche Teilchen sucht der riesige Super-Kamiokande-Detektor in Japan? **Antwort:** Neutrinos

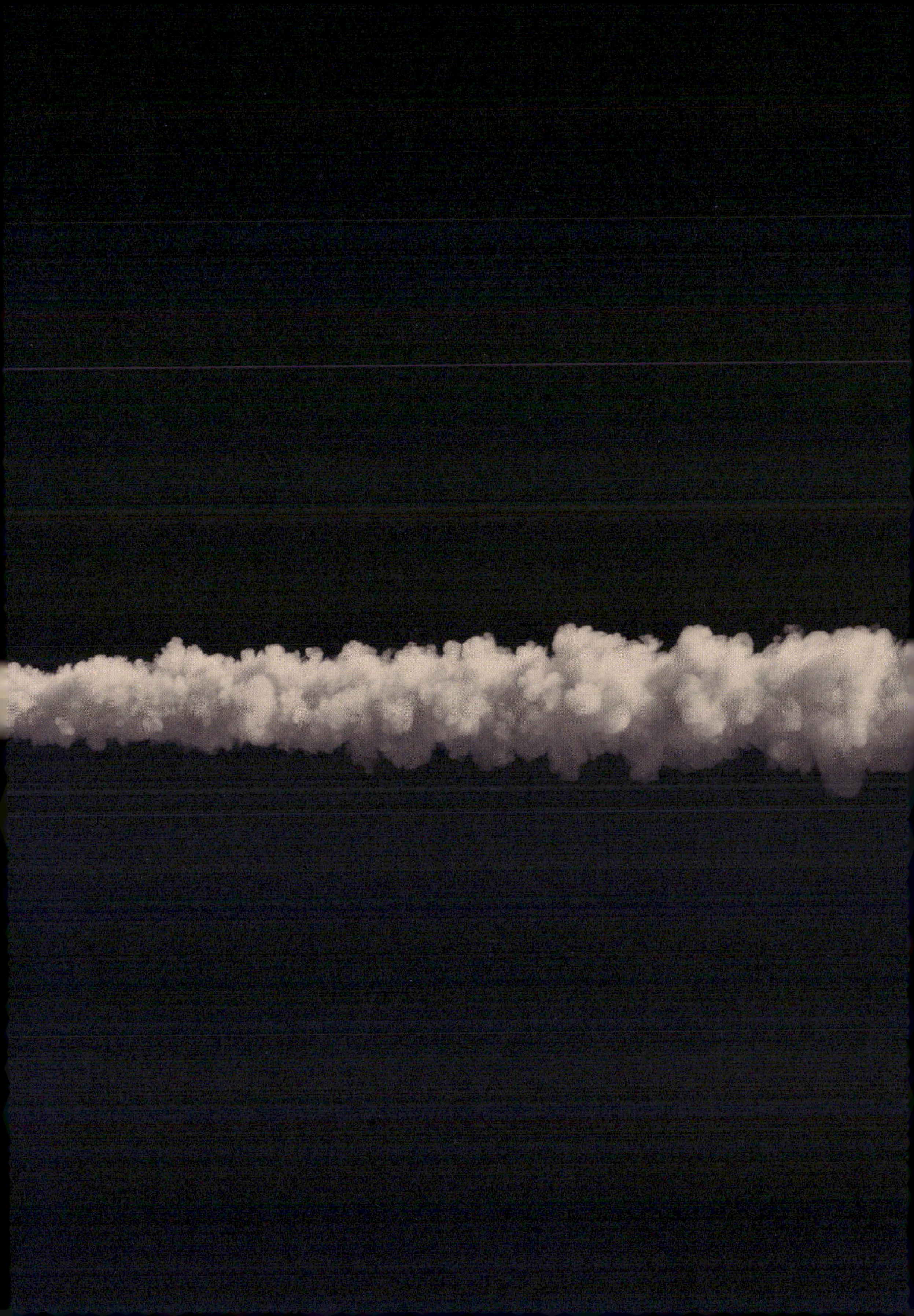

PFLANZEN UND TIERE

Seite 123
KRYPTOZOOLOGIE

R	T	C	U	M	I	N	O	K	A	W	A	Z	W	I
W	A	S	M	D	R	C	H	I	M	A	E	R	E	P
Y	O	U	G	O	S	M	G	T	T	R	N	T	E	V
T	A	L	X	A	K	C	T	E	C	D	A	O	D	U
H	L	A	P	L	S	E	H	Y	C	R	N	O	A	A
I	K	H	Y	E	A	S	L	I	X	Y	D	F	M	R
P	O	K	X	G	R	D	C	E	N	H	I	G	U	F
P	N	L	C	O	B	T	K	B	M	N	B	I	S	G
O	O	A	V	V	A	Z	I	E	W	B	A	B	T	N
K	S	B	M	R	C	M	T	N	L	X	E	T	I	U
A	T	A	L	E	A	I	D	R	G	P	R	M	X	J
M	S	Z	E	N	P	K	N	G	R	E	I	F	B	R
P	H	S	T	N	U	E	I	W	O	Y	R	E	S	E
M	X	Y	N	O	H	C	T	A	U	Q	S	A	S	E
K	P	D	B	D	C	E	H	C	A	R	D	V	D	M

Seite 126
DARWINS MONSTER

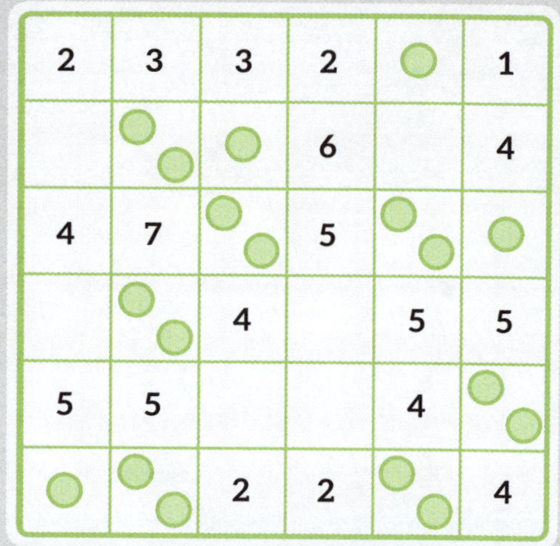

Seite 125
WIE VIELE ARTEN GIBT ES AUF DER ERDE?

Seite 127
GRENZFALL

5	5	2	2	3	3	2	7	7	7
5	5	5	7	7	3	2	7	7	7
7	7	7	7	2	2	3	3	7	8
8	8	7	8	8	8	1	3	8	8
1	8	8	8	2	2	8	8	8	8
5	5	5	5	3	3	8	5	5	5
7	7	7	5	7	3	7	7	2	5
7	1	4	4	7	7	7	1	2	5
7	7	1	4	4	1	7	3	3	3
7	9	9	9	9	9	9	9	9	9

Seite 129
GIFTPFLANZEN

2	3	7	8	4	9	5	6	1
9	5	4	6	7	1	8	3	2
6	1	8	2	5	3	4	7	9
5	4	9	7	1	8	3	2	6
1	7	2	4	3	6	9	5	8
3	8	6	5	9	2	1	4	7
7	2	5	9	8	4	6	1	3
8	6	3	1	2	5	7	9	4
4	9	1	3	6	7	2	8	5

Seite 132
WAS LEBT IN DER ERDE?

Seite 131
DAS UNVERWÜSTLICHE BÄRTIERCHEN

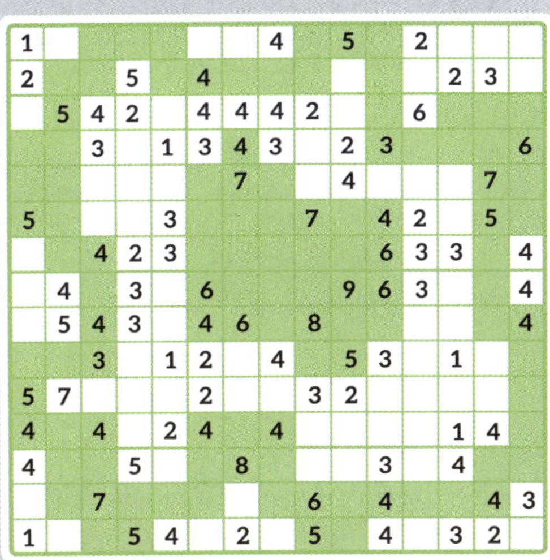

Seite 133
ECHOORTUNG

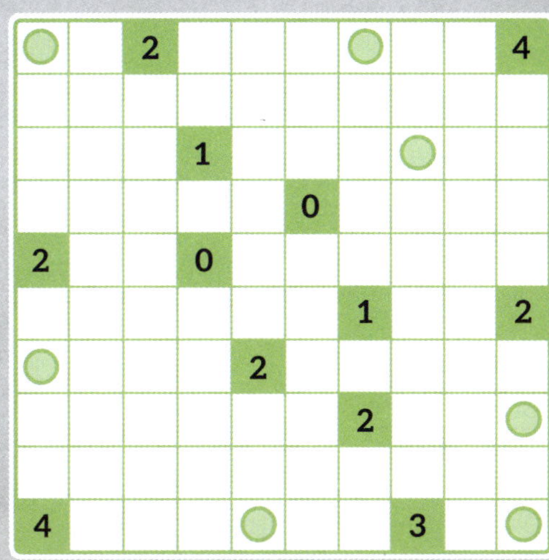

Seite 135

WER HAT DAS MAMMUT UMGEBRACHT?

S	M	A	G	O	L	D	K	R	O	E	T	E	G	N
N	R	A	G	I	B	A	L	I	T	I	G	E	R	R
S	B	U	M	H	Q	U	A	G	G	A	I	H	R	O
M	A	E	U	N	O	D	O	T	P	Y	L	G	Y	H
I	E	R	I	E	S	E	N	H	I	R	S	C	H	S
L	R	O	R	L	D	R	H	S	O	Q	S	M	S	A
O	R	C	E	L	S	I	I	L	M	D	O	D	O	N
D	E	H	H	E	Y	X	P	E	E	A	K	O	Q	L
O	G	S	T	Z	R	R	S	R	S	N	M	T	H	L
N	I	E	A	A	S	N	F	E	O	E	B	M	G	O
P	T	T	G	G	R	H	C	W	E	T	N	A	U	W
E	A	U	E	E	B	Z	S	F	P	N	O	A	E	T
V	V	E	M	T	T	A	R	P	A	N	E	D	L	R
P	A	F	L	O	W	L	E	T	U	E	B	R	O	K
V	J	N	Q	R	B	L	A	U	B	O	C	K	Z	N

Seite 137

ÜBERFISCHUNG UND LEERE OZEANE

Seite 136

SCHLAUE KRÄHEN UND SCHARFSINNIGE PAPAGEIEN

Die Blaumeise entscheidet sich für die Magermilch mit dem roten Deckel.

Das Rotkehlchen wählt die fettarme Milch mit dem blauen Verschluss.

Die Amsel bevorzugt die Vollmilch mit dem silberfarbenen Deckel.

Seite 139

DIE ÄLTESTEN BÄUME DER WELT

Seite 140

DAS PFLANZEN- UND TIER-QUIZ

1. Welche Art Bäume verliert im Winter seine Blätter? **Antwort:** Laubbäume

2. Welche der nachfolgenden Pflanzen ist eigentlich kein Gemüse? **Antwort:** a)

3. Welche Elefantenart hat einen Rüssel mit nur einem Finger und kleinere Ohren, der Asiatische oder der Afrikanische? **Antwort:** Asiatische

4. Welche der nachfolgenden Pflanzen ist eine Blütenpflanze? **Antwort:** a)

5. Welches Tier würde einen 100-m-Sprint gewinnen: Tunfisch, Tiger oder Elefant? **Antwort:** Tunfisch

6. In welchem Land leben Lemuren? **Antwort:** Madagaskar

7. Welcher Nährstoff wird von Leguminosen wie Klee und Luzerne aus der Atmosphäre gelöst und in die Erde geführt? **Antwort:** Stickstoff

8. Zu welchem Tierstamm gehören Schnecken, Austern und Kraken? **Antwort:** Mollusken

9. Welche drei Zutaten benötigen Pflanzen, damit sie fotosynthetisieren können? **Antwort:** Sonnenlicht, Wasser und Kohlendioxid

10. Welches Tier kann man an Land der Antarktis, auf den Galapagos-Inseln und in Südafrika antreffen? **Antwort:** Pinguin

11. Welcher Kohlenwasserstoff verschafft Pflanzenzellen eine widerstandsfähige Zellwand? **Antwort:** Zellulose

12. Zu welcher Tierfamilie gehören Menschen? **Antwort:** Menschenaffen

13. Wie heißen die männlichen Teile einer Pflanze? **Antwort:** a)

14. Welche der folgenden Kreaturen ist am engsten mit dem Elefanten verwandt? **Antwort:** d)

15. Welche der nachfolgenden Pflanzen ist im botanischen Sinn keine Beere? **Antwort:** d)

16. Wie bezeichnet man eine Gruppe von Gänsen? **Antwort:** c)

17. Wie heißt der Echidna umgangssprachlich? **Antwort:** Schnabeligel

18. Wie heißt die Pflanze, der wir das Herzmedikament Digitalis verdanken? **Antwort:** Fingerhut

19. Ein männlicher *Onthophagus taurus* kann das bis zu 1140-fache seines Eigengewicht ziehen und ist damit das stärkste Insekt. Wie wird er genannt? **Antwort:** Mistkäfer

20. Wie heißt das größte einheimische Raubtier Australiens unter den Landtieren? **Antwort:** Dingo

DER WELTRAUM

Seite 145

DIE WELTRAUMSCHLEUDER

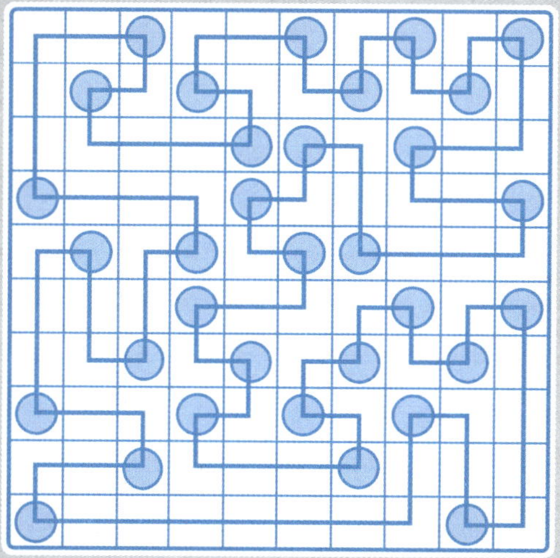

Seite 148

DIE SUCHE NACH EXOPLANETEN

	2	3		5		
4	2	3	4	1	6	5
	6	4	1	2	5	3
4	1	2	5	3	4	6
	4	6	2	5	3	1
	5	1	3	6	2	4
	3	5	6	4	1	2
				2	6	

Seite 147

WARUM IST DIE ERDE NICHT WIE MARS ODER VENUS?

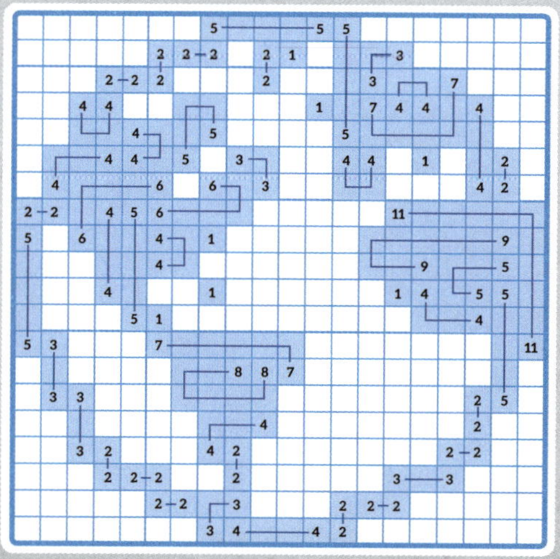

Seite 149

WIR SIND STERNENSTAUB

934

421 513

193 228 285

92 101 127 158

47 45 56 71 87

26 21 24 32 39 48

15 11 10 14 18 21 27

9 6 5 5 9 9 12 15

Seite 151
MARSMISSION

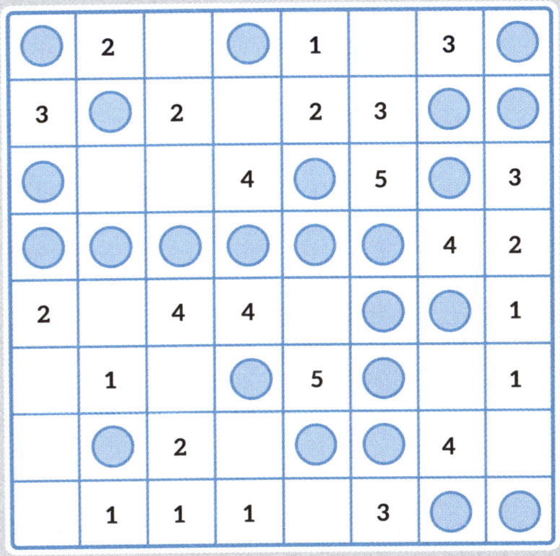

Seite 155
ZUTATEN FÜR EIN UNIVERSUM

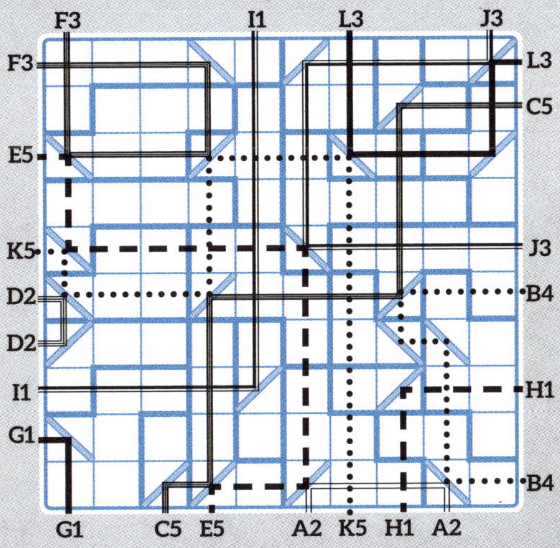

Seite 153
DIE GRÖSSE DES UNIVERSUMS

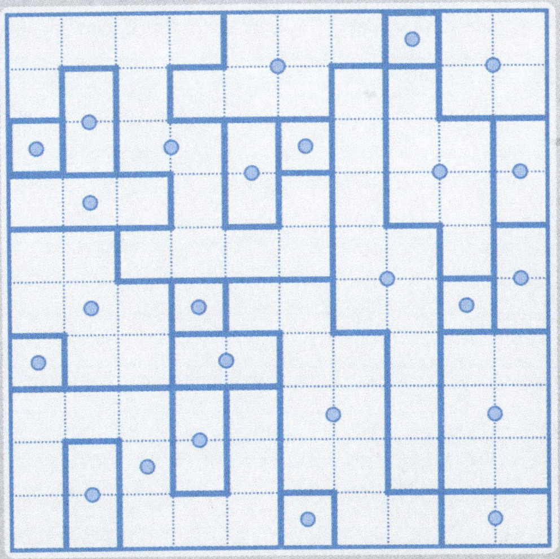

Seite 157
DER URKNALL

Seite 158

SCHWARZE LÖCHER

Seite 159

DAS SCHICKSAL DES UNIVERSUMS

7	2	9	1	5	3		4	6
5	3	6	8		4	9	7	2
	1	4	2	9	6	5	3	8
1		5	6	8	7	4	2	9
2	6	3	9	4	5	8		1
9	7	8		2	1	6	5	3
8	5	2	3	1		7	6	4
3	4	1	5	6	8	2	9	
6	9		4	7	2	3	1	5

Seite 160

DAS WELTRAUM-QUIZ

1. Welcher Planet hat eine heißere Oberfläche: Venus oder Merkur? **Antwort:** Venus
2. Welcher der nachfolgenden Planeten ist kein Gasriese? **Antwort:** c)
3. Die Sehkraft welchen Weltraumteleskops wurde durch eine Space-Shuttle-Mission wiederhergestellt? **Antwort:** Hubble-Teleskop
4. Welche der nachfolgenden Strukturen kann man nicht mit dem bloßen Auge von der ISS aus sehen? **Antwort:** a)
5. Wo im Sonnensystem stößt man auf den Großen Roten Fleck? **Antwort:** Jupiter
6. Neil Armstrong und Buzz Aldrin waren die ersten Menschen auf dem Mond. Wer war der dritte Teilnehmer an der *Apollo-11*-Mission? **Antwort:** Michael Collins
7. Welche Planeten des Sonnenssystems sind bekannt für ihre Ringe? **Antwort:** Saturn, Jupiter, Neptun und Uranus
8. Welcher dieser Sterne ist der Erde am nächsten? **Antwort:** b)
9. Welches ist das am weitesten verbreitete Element im Universum? **Antwort:** Wasserstoff
10. Wie heißt die Schwelle, hinter der nichts der Gravitation Schwarzer Löcher entkommen kann? **Antwort:** Ereignishorizont
11. Wo im Sonnesystem findet man den Berg Olymp, das Erythräische Meer, die Hellas-Tiefebene und die Mariner-Täler? **Antwort:** Mars
12. Welche Art astronomischer Körper hat ihren Ursprung vermutlich im Kuipergürtel? **Antwort:** Komet
13. Wer entdeckte den Uranus? **Antwort:** William Herschel
14. Wo findet man die Oortsche Wolke? **Antwort:** im äußeren Bereich des Sonnensystems jenseits der Plutoumlaufbahn
15. Welches Ereignis hat 2006 einen Planeten verschwinden lassen? **Antwort:** Pluto wurde von der Internationalen Astronomischen Union herabgestuft von Planet zu Zwergplanet
16. Wo würde ein Apfel, den man aus zwei Metern Höhe fallen ließe, den Boden zuerst berühren, auf dem Mars oder auf der Erde? **Antwort:** Auf der Erde – die Schwerkraft auf der Erde ist stärker und somit auch die Beschleunigung fallender Gegenstände
17. In welcher Konstellation findet sich der Stern Beteigeuze? **Antwort:** Orion
18. Bei welchem kosmischen Ereignis blieb der Krebsnebel als gewaltige Staub- und Gaswolke zurück? **Antwort:** Supernova
19. Wo findet man Fotla Corona, Baltis Vallis und Ishtar Terra? **Antwort:** Venus
20. Ein Pulsar ist ein rotierendes, hochgradig magnetisiertes astronomisches Objekt, aber welche Art von Objekt ist er? **Antwort:** Neutronenstern

TECHNOLOGIE

Seite 165

SECHS EINFACHE MASCHINEN

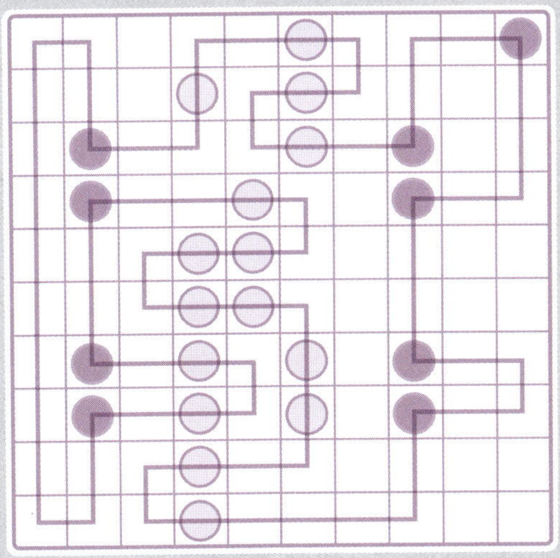

Seite 168

DER WELTRAUMLIFT

				3		4		
5	2	3	5	1	6	4	7	
	6	7	1	2	5	3	4	3
	4	6	3	7	1	5	2	3
	7	5	6	4	3	2	1	6
4	3	4	2	6	7	1	5	2
	1	2	7	5	4	6	3	
	5	1	4	3	2	7	6	
		6		4	3	1	2	

Seite 167

DYSON-SPHÄREN

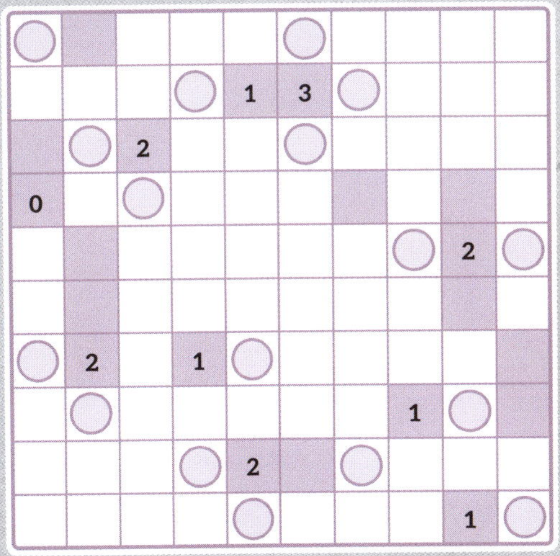

Seite 169

GEHEIMNISVOLLER ZEMENT

Seite 171
DIODEN UND TRANSISTOREN

„truth“ = „Wahrheit“ (Englisch)

Seite 173
DER TURING-TEST

Seite 175
WIE VIEL WIEGT EINE E-MAIL?

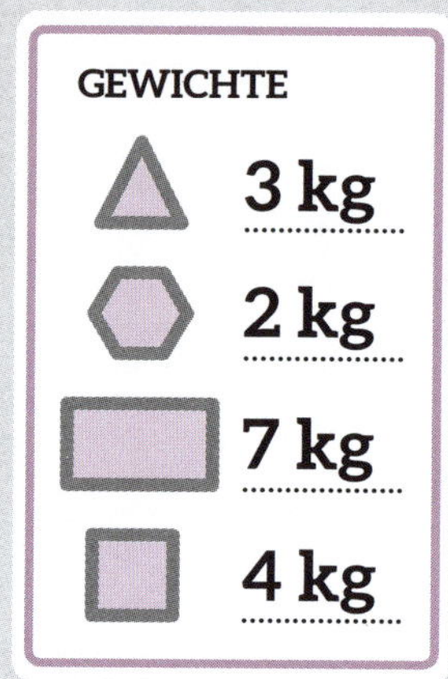

Seite 176
BIONIK

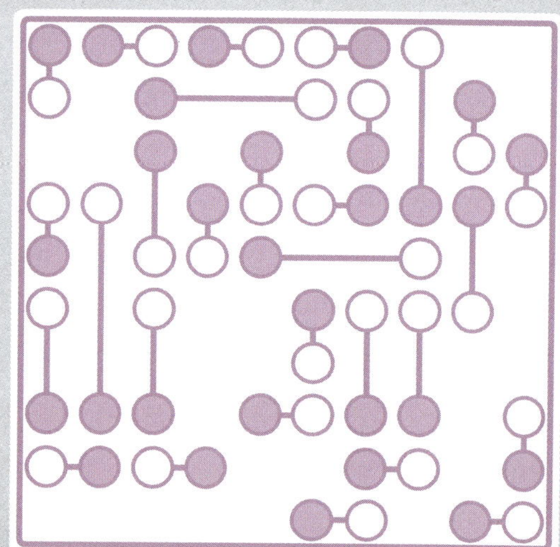

Seite 177

KERNFUSION

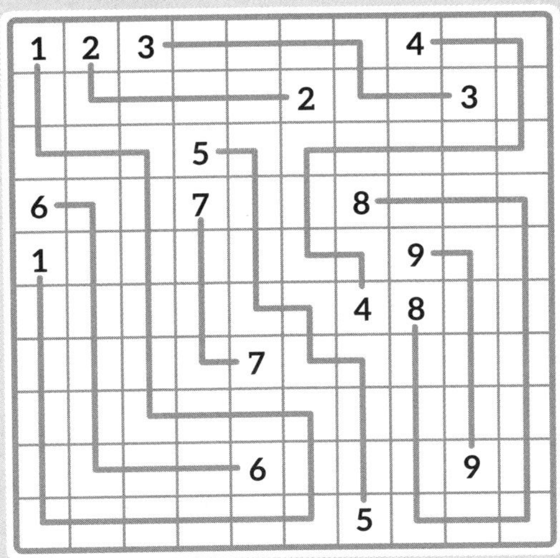

Seite 181

SELBSTFAHRENDE AUTOS

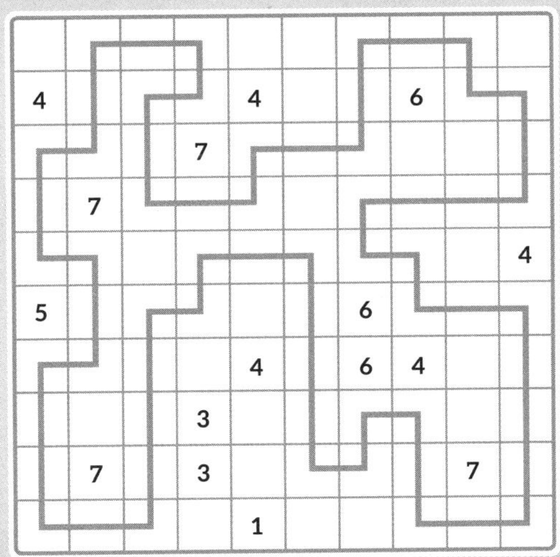

Seite 179

HYPERLOOP

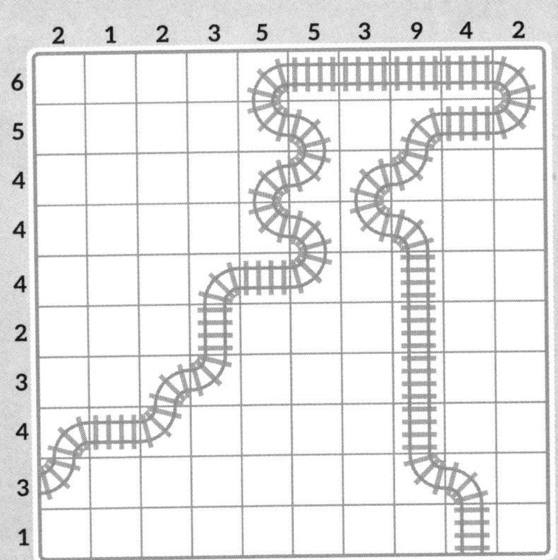

Seite 183

IST VENEDIG NOCH ZU RETTEN?

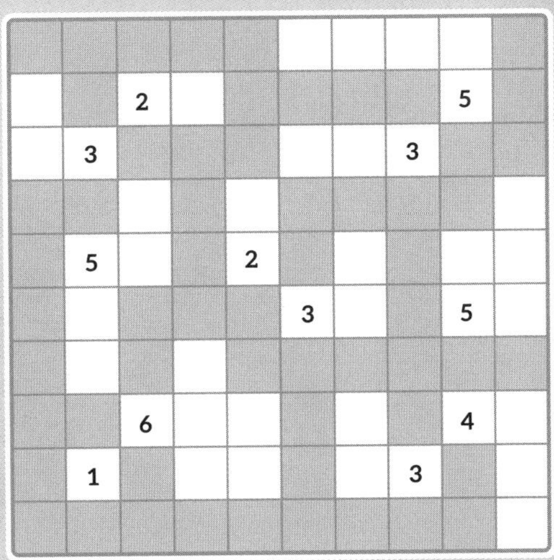

LÖSUNGEN

Seite 184

DAS TECHNOLOGIE-QUIZ

1. Welche Art Antrieb erfand Frank Whittle in den 1930er-Jahren? **Antwort:** Düsentriebwerk
2. Wie heißt die positive Elektrode in einer Elektrolysezelle? **Antwort:** Anode
3. Was bedeutet FM bei einem Radio? **Antwort:** Frequenzmodulation
4. Wofür stehen die Abkürzungen AC und DC? **Antwort:** alternating current (Wechselstrom) und direct current (Gleichstrom)
5. Welches lebensrettende Gerät wurde 1815 von Humphry Davy erfunden? **Antwort:** Davy-Lampe, die Grubenarbeiter vor Methan warnt
6. Welches Tiefbauprojekt nahm 1881 seinen Anfang und wurde erst 1994 formal eröffnet? **Antwort:** Eurotunnel
7. Was bedeutet der Zusatz „rtf" bei einem Computerdateinamen? **Antwort:** rich text format
8. Wo könnte man Woofer und Tweeter finden? **Antwort:** Lautsprecher – Woofer (Tiefenlautsprecher) und Tweeter (Hochtonlautsprecher)
9. Unter welchem Namen ist der Tank heute besser bekannt? **Antwort:** Panzer
10. Welche Art Pumpe ist nach Archimedes benannt? **Antwort:** Archimedische Schraube
11. Was ist ungewöhnlich an einem Wankelmotor? **Antwort:** er rotiert
12. Wie hieß der erste digitale Elektronenrechner, der 1943 von den Briten entwickelt wurde? **Antwort:** Colossus
13. Welche einfache Maschine, vervielfacht die Kraft, weil sie um einen Angelpunkt drehbar ist und Last- von Kraftarm trennt? **Antwort:** Hebel
14. Welche Art Strom benötigt ein bürstenloser Mehrphasenmotor? **Antwort:** Wechselstrom
15. Was hält Flugzeuge in der Luft? **Antwort:** Auftrieb
16. Welches Phänomen beschrieb die Arbeit Michael Faradays, in der es um Magneten, Drähte und Batterien ging? **Antwort:** Elektromagnetismus
17. Welches Element wird am häufigsten in Batterien eingesetzt, die Geräte wie Handys und E-Autos antreiben? **Antwort:** Lithium
18. Von welcher Art Energie wird ein Stirlingmotor angetrieben? **Antwort:** Hitze
19. Wie wird eine zusammengeschaltete Serie aus realen oder virtuellen künstlichen Neuronen in der Computerwissenschaft bezeichnet? **Antwort:** neuronales Netz
20. Welche der nachfolgenden Buchstabenkombinationen ist KEIN Logikgatter, wie es in elektronischen Schaltungen verwendet wird? **Antwort:** b)

▶ Der Colossus-Computer, den die Codeknacker von Bletchley Park zur Unterstützung ihrer Kryptoanalyse während des Zweiten Weltkriegs entwickelten.

BILDNACHWEIS

Der Verlag möchte den nachfolgenden Institutionen für die Erteilung der Abdruckgenehmigung für der Bilder in diesem Buch danken.

Alle Bilder © Shutterstock außer:

Seite 10: (links oben) lizenzfrei; 10: (links unten) lizenzfrei; 10: (rechts unten) Granger/Shutterstock; 12: (links unten) Ron Frehm/AP/Shutterstock; 56: Victor Habbick Visions/SPL; 65: Mosa'Ab Elshamy/AP/Shutterstock; 87: lizenzfrei; 109: NASA/NRAO/AUI/NSF/NASA/STScI/JPL-Caltech; 116: (rechts unten) Universal History Archive/UIG/Shutterstock; 118-119: Getty/The Asahi Shimbun / Contributor; 124: (links oben) Alexander Roslin: Svenska, 1775, Nationalmuseum, lizenzfrei; 144: NASA; 156: Aidan Sullivan/Mail On Sunday/Shutterstock; 166: (links oben) AP/Shutterstock; 171 (unten) Underwood Archives/UIG/Shutterstock; 172: (links oben) Fine Art Images/Heritage Images/Getty Images.

Jeder Versuch wurde unternommen, um die Quellen und Rechteinhaber jeden Bildes zu ermitteln und Rechte korrekt einzuräumen. Alle unbeabsichtigten Fehler oder Unterlassungen werden in zukünftigen Auflagen dieses Buches berücksichtigt.